かんたん

留学

Word/Excel/ PowerPoint

入門

楳村 麻里子　津木 裕子　山本 光
松下 孝太郎　平井 智子　両澤 敦子　[著]

JN025995

技術評論社

はじめに

　Word（ワード）、Excel（エクセル）、PowerPoint（パワーポイント）は、それぞれワープロ、表計算、プレゼンテーション用のアプリケーションです。これらは世界中の企業や学校、家庭で使用されています。日本においても、企業に就職の際は、Word、Excel、PowerPointのスキルが求められることがほとんどです。今後も、さまざまなビジネスの場面でWord、Excel、PowerPointを利用する機会が増えると予想されます。

　本書は、日本語を母国語としない人、まったく経験のない人でも、無理なくWord、Excel、PowerPointを学習できるように編集しています。また、本書の特徴として、次の点を挙げることができます。

- 総ルビにより、日本語を母国語としない学習者も内容が理解できる
- 初歩的な内容から実用的な内容まで、無理なく学べる
- サポートサイトからサンプルファイルをダウンロードして使用できる
- 練習問題を通じて、知識を定着できる

　1章では、ローマ字・カタカナなどの日本語表現やタイピングなど、日本語でコンピュータを使用するための基本事項について解説しています。

　2章では、フォルダーやファイルの操作方法について解説しています。Windowsの基本操作を学ぶことができます。

　3章では、Wordについて解説しています。文字入力、文字や文書の体裁、表の挿入、図形や画像の挿入、Excelとの連携などについて学ぶことができます。

　4章では、Excelについて解説しています。セルの基本操作、表の作成、表の装飾、グラフの作成、計算と関数、並べ替えなどを学ぶことができます。

　5章では、PowerPointについて解説しています。スライドの作成、スライドの操作、図形や画像の挿入、アニメーション効果、音声やビデオの利用、Excelとの連携などを学ぶことができます。

　巻末付録では、Word、Excel、PowerPointに関する頻出用語を用意しています。これにより、日本語版のWord、Excel、PowerPointの理解が容易になります。

　本書における操作手順や操作画面は2020年1月時点での最新のOffce365により解説していますが、以前のバージョンや今後のバージョンにおいても、ほとんど同様の操作で行うことができます。

　最後に、本書の編集・企画においてご尽力いただいた技術評論社の渡邉悦司氏、松井竜馬氏および関係各位に深く感謝の意を表します。

2020年1月
著者

本書の使い方 ① 本書の特徴

　本書は日本語の基礎とパソコンやWindowsの基本操作を学んだ留学生を対象にした、Word、Excel、PowerPointの入門書です。

　本書は全5章から成り、1章ではパソコンと日本語操作の基本、2章ではファイルやフォルダーの基本、3章ではWord、4章ではExcel、5章ではPowerPointについて解説しています。本書の中心は、3章から5章です。全15回の授業を想定し（3章6回、4章6回、5章3回）、Word、Excel、PowerPointの基本を学ぶことができるように構成されています。3章、4章、5章では、各節ごとにテーマがあり、学習内容や完成例が設定されています。節はさらに細かい項にわかれています。項では、手順を追いながら、具体的な文書や表、スライドなどを作っていきます。サンプルファイルを利用したり、完成後のサンプルファイルを確認しながら、実用的な知識をつけることができます。

　なお、1、2章はパソコンやWindows、日本語IMEなどの基本事項をまとめてあるので、確認したいときにご利用ください。

◆ 各節の扉ページ

節見出し
節ごとにテーマが設定されています。Wordが6つ、Excelが6つ、PowerPointが3つの節で構成されています。1つの節が1回の授業を想定しています。

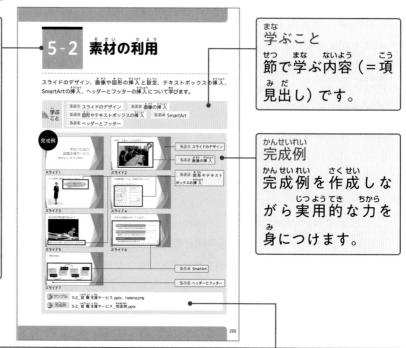

学ぶこと
節で学ぶ内容（＝項見出し）です。

完成例
完成例を作成しながら実用的な力を身につけます。

サンプルファイル
ダウンロードサービスで入手して使用するサンプルです。「サンプルファイル」「完成例ファイル」「PDFファイル」などがあります。

◆ 本文ページ

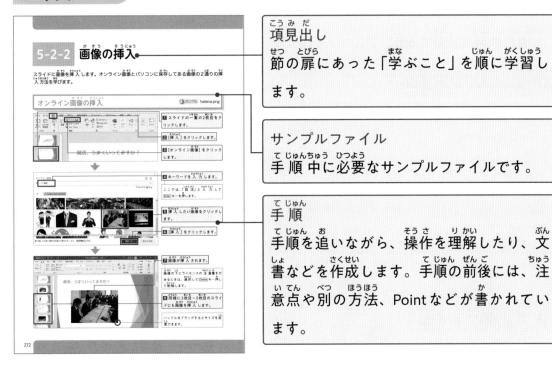

項見出し
節の扉にあった「学ぶこと」を順に学習します。

サンプルファイル
手順中に必要なサンプルファイルです。

手順
手順を追いながら、操作を理解したり、文書などを作成します。手順の前後には、注意点や別の方法、Pointなどが書かれています。

◆ 練習問題ページ

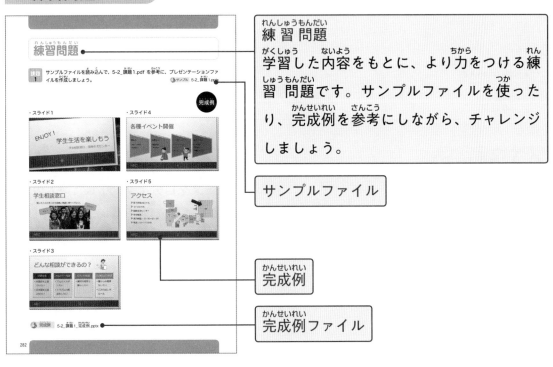

練習問題
学習した内容をもとに、より力をつける練習問題です。サンプルファイルを使ったり、完成例を参考にしながら、チャレンジしましょう。

サンプルファイル

完成例

完成例ファイル

本書の使い方 ②　サンプルファイルの種類と内容

本書の学習で使用するサンプルファイルは以下の3種類があります。

◆ サンプルファイル

```
遠足のご案内↵
↵
4月1日　日曜日　遠足係↵
↵
みなさまお元気ですか。今年も旅行のご案内です。以下の日程で遠足を企画しています。↵
ご参加ください。↵
↵
集合↵
日時：5月3日　10：00から↵
場所：JR桜木町駅↵
↵
持ち物↵
お弁当
```

各節の教材や練習問題として使用するファイルです。画像や動画ファイルもあります。必要な箇所に ↓サンプル マークがあります。ファイルを読み込んで、利用してください。

◆ 完成例ファイル

```
　　　　　　遠足のご案内↵
↵
　　　　　　　　　　　　　　　4月1日□日曜日□遠足係↵
↵
みなさまお元気ですか。今年も旅行のご案内です。以下の日程で遠足を企画しています。↵
ご参加ください。↵
↵
集合↵
●→日時：5月3日□10：00から↵
●→場所：JR桜木町駅↵
↵
1.→持ち物↵
2.→お弁当↵
```

各節や練習問題の完成例です。 ↓完成例 マークがあります。作り終わったときや、わからないときの参考にしてください。

◆ 入力用PDF

```
　　　　遠足のご案内
4月1日　日曜日　遠足係
みなさまお元気ですか。今年も旅行のご案内です。以下の日程で遠足を企画しています。
ご参加ください。
集合
日時：5月3日　10：00から
場所：JR桜木町駅
持ち物
お弁当
飲み物
カメラ（ケータイでもOK）
```

長文を自分で入力したい人のために一部の項目にはルビ付きのPDFを用意しています。また、練習問題で設定項目が多い課題にもPDFでの補足を用意しています。PDFのある箇所は本文に記載しています。

本書の使い方 ③ ダウンロードサービスについて

◆ ダウンロードの手順

　本書で使用するサンプルファイルは次の手順でダウンロードできます。なお、「https://gihyo.jp/book/2020/978-4-297-11047-5/support」にアクセスすれば、ダイレクトにダウンロードページを開けます。

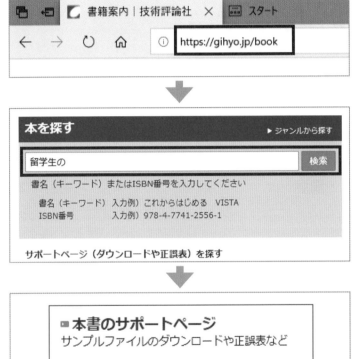

1. 「gihyo.jp/book」にアクセスします。

2. 「本を探す」に「留学生の」と入力して[検索]をクリックします。

3. 「留学生のためのかんたん Word/Excel/PowerPoint入門」を見つけてクリックします。

上のほうは広告になっています。

4. 「本書のサポートページ」をクリックします。

5. 表示されたページの説明にしたがってダウンロードしてください。

◆ ダウンロードするサンプルファイルについて

　ダウンロードするファイルは圧縮されたものが3種類あります。目的に合わせてご使用ください。

一式ダウンロード	本文の学習や練習問題に使用するサンプルファイル、入力用PDF、完成例ファイルがすべて入っています。
完成例以外のダウンロード	完成例のファイルを除いたものです。
完成例のみのダウンロード	完成例のみ集めたものです。

目次 留学生のためのかんたん Word/Excel/PowerPoint 入門

1章 パソコンや入力操作の基本編

2章 フォルダーやファイル操作の基本編

3章 Word編

4章
Excel編

5章
PowerPoint編

1章

パソコンや
入力操作の基本 編

1-1 パソコンの種類と起動

パソコンの種類と起動方法を見てみましょう。

パソコンの種類

　文書の作成や、表計算には、パソコン（パーソナルコンピューター）を使います。パソコンの種類には、デスクトップパソコン、ノートパソコン、タブレットパソコンなどがあります。

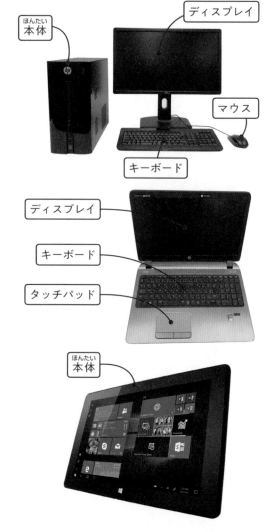

◆ デスクトップパソコン

本体、ディスプレイ、キーボードにより構成されています。持ち運びはできませんが、画面やキーボードが大きく、使いやすいため、じっくり作業することができます。

ディスプレイ
本体
マウス
キーボード

◆ ノートパソコン

本体、ディスプレイ、キーボードが一体化されています。持ち運ぶことにより、移動先でも作業できます。

ディスプレイ
キーボード
タッチパッド

◆ タブレットパソコン

小型で薄く、しかも軽いため、どこにでも持ち運ぶことができます。画面に表示されるキーボードで入力します。
（キーボードが付属しているものもあります。）

本体

パソコンの起動

本体の電源ボタンを押すと、パソコンが起動します。

◆ デスクトップパソコン

◆ ノートパソコン

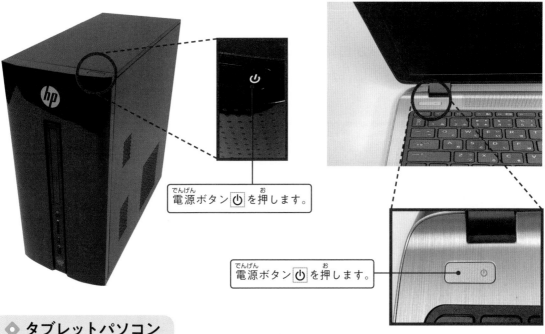

電源ボタン ⏻ を押します。

電源ボタン ⏻ を押します。

◆ タブレットパソコン

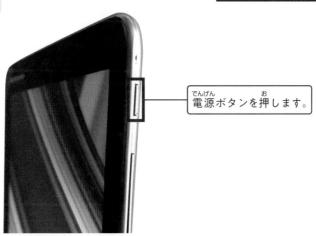

電源ボタンを押します。

> **Point** 電源ボタンのマーク
>
> ほとんどの電源ボタンは ⏻ で表示されていますが、違うこともあります。もし、まったく動作しなくなったときは電源ボタン ⏻ を長く押すと、リセットがかかり再起動します。

1-2 マウスの操作

パソコンはマウスを使って操作します。マウスの基本操作は、ポインターの移動・クリック・ダブルクリック・ドラッグの4つです。ノートパソコンやタブレットパソコンなどの場合、マウスが付いてないことがありますが、タッチパッドやタッチパネルなどを使って同様の操作ができます。

ポインターの移動

◆ デスクトップパソコン

　画面に表示された矢印は、「マウスポインター（ポインター）」といいます。マウスを動かすと、動かした方向にポインターが移動します。

マウスを右に動かすと、ポインターも右に移動します。

◆ ノートパソコン

　タッチパッドの上に指を置き、「マウスポインター（ポインター）」を動かしたい方向に指を動かします。

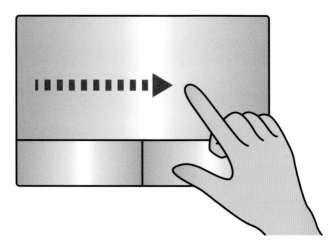

クリックと右クリック

◆ デスクトップパソコン

マウスの左ボタンを1回押すことを「クリック」といいます。

| マウスを持ちます。 | 人差し指で左ボタンを押します。 | すぐにボタンから指を離します。 |

  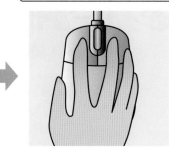

マウスの右ボタンを1回押すことを「右クリック」といいます。

| マウスを持ちます。 | 中指で右ボタンを押します。 | すぐにボタンから指を離します。 |

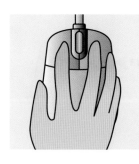  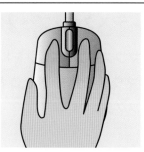

◆ ノートパソコン

クリックは左ボタンを1回押します。右クリックは右ボタンを1回押します。

クリック

右クリック
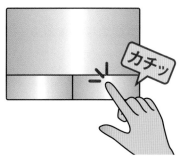

ダブルクリック

◆ デスクトップパソコン

左ボタンをすばやく2回押すことをダブルクリックといいます。

◆ ノートパソコン

左ボタンをすばやく2回押します。

ドラッグ

◆ デスクトップパソコン

マウスの左ボタンを押したままマウスを移動することを「ドラッグ」といいます。

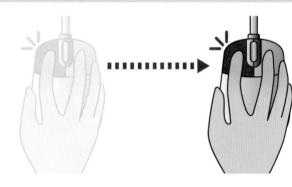

◆ ノートパソコン

左ボタンを押したまま、タッチパッドの上に指を置き、「マウスポインター（ポインター）」を動かしたい方向に指を動かします。

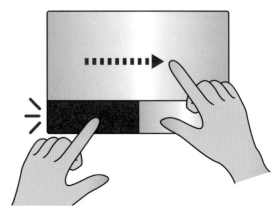

タブレットパソコンの操作は、画面上でタッチ操作により行います。
タッチ対応モニターでは、マウスと同じ動作が、画面をタッチして行うことができます。

タップ
対象を1回トンとたたきます。
（マウスの左クリックに相当）

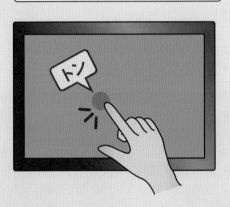

ダブルタップ
対象をすばやく2回たたきます。
（マウスのダブルクリックに相当）

ホールド
対象を少し長めに押します。
（マウスの右クリックに相当）

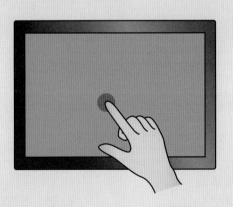

ドラッグ
対象に触れたまま、画面上を指でなぞり、上下左右に動かします。

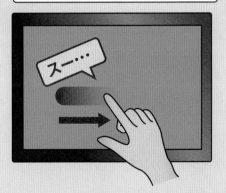

1-3 Windowsの画面とアプリケーションの起動

Windowsを起動すると、デスクトップが表示されます。デスクトップの画面は以下のようになっています。

◆ デスクトップの画面

デスクトップ
起動したアプリケーションの作業スペース。ファイルやフォルダーを置ける

スタートボタン
スタートメニューを表示

スタートメニュー
アプリケーションの起動やWindows
の設定、シャットダウンなど

タスクバー
起動中のアプリケーションの切り
替えやよく使うアイコンの登録

通知領域
実行中のアプリケーションの設定や日本語
IME、音量、時間・日付の表示

◆ スタートボタン

　アプリケーションの起動やWindowsの設定、ファイルやフォルダーへのアクセスには、スタートボタンを押します。

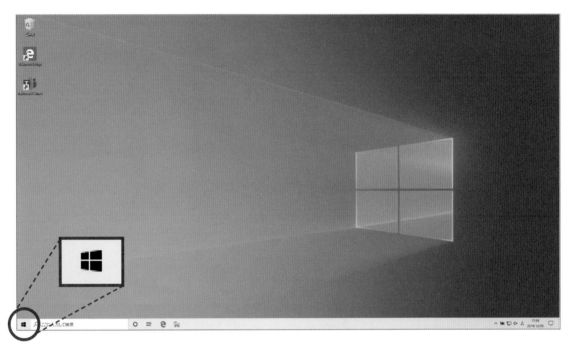

◆ スタートメニュー

　スタートメニューには、アプリケーションや設定ツールが並んでいます。

◆ スライダーを表示

スタートメニューには、一部の
アプリケーションしか表示されて
いません。右図のところにマウス
ポインターをもっていくとスライ
ダーが表示されます。スライダー
をドラッグすると、表示されてい
ないアプリケーションを選択でき
るようになります。

スライダーをドラッグ

◆ アプリケーションの起動

スタートメニューでアイコンをク
リックすると、アプリケーションが
起動します。
　右図は、Wordを起動した例です。
開始のメッセージのあとに、ファ
イルのテンプレート選択の画面に
なります。

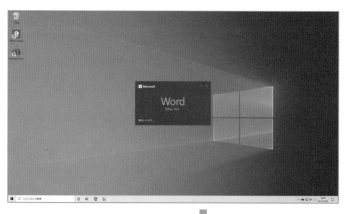

◆ アプリケーションの検索

もし起動したいアプリケーションが、スタートメニューから探すことができなかったら、検索をしてみましょう。さまざまな検索に「Cortana」（コルタナ）が利用できます。

右下図では、メモ帳を探すためにCortanaに「メモ」と入力しています。メモ帳がリストアップされています。クリックするとメモ帳が起動します。

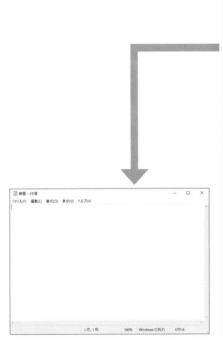

1-4 キーボードの名称と機能

文字を入力するときは、キーボードを使います。デスクトップパソコンのキーボードはテンキーがありますが、ノートパソコンにはテンキーがないものがあります。

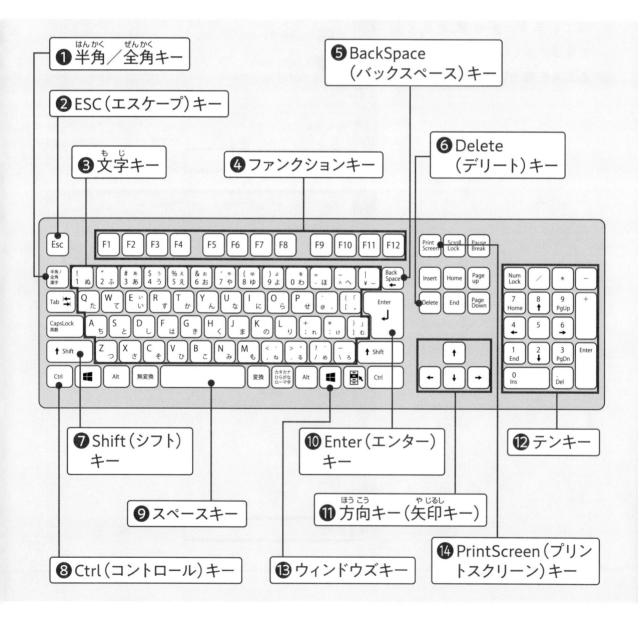

❶ 半角／全角キー

❷ ESC（エスケープ）キー

❸ 文字キー

❹ ファンクションキー

❺ BackSpace（バックスペース）キー

❻ Delete（デリート）キー

❼ Shift（シフト）キー

❽ Ctrl（コントロール）キー

❾ スペースキー

❿ Enter（エンター）キー

⓫ 方向キー（矢印キー）

⓬ テンキー

⓭ ウィンドウズキー

⓮ PrintScreen（プリントスクリーン）キー

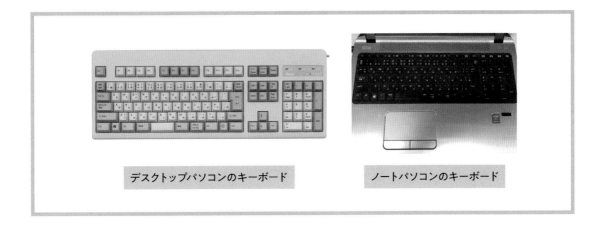

デスクトップパソコンのキーボード　　　　　ノートパソコンのキーボード

❶ 半角／全角キー

半角英数入力モードと日本語入力モードを切り替えます。

❷ Esc（エスケープ）キー

入力した内容や、選択した操作を取り消します。キャンセルしたいときに押します。

❸ 文字キー

キーボードに表示されている文字や数字、記号などを入力します。

❹ ファンクションキー

特殊な操作などに使用します。

❺ BackSpace（バックスペース）キー

▯（文字カーソル）の左側の文字を削除します。

❻ Delete（デリート）キー

▯（文字カーソル）の右側の文字を削除します。

❼ Shift（シフト）キー

アルファベットの大文字や記号の入力などに使用します。

❽ Ctrl（コントロール）キー

ほかのキーと組み合わせて使います。

❾ スペースキー

漢字変換や空白の入力に使用します。

❿ Enter（エンター）キー

入力の確定や改行などを行います。

⓫ 方向キー（矢印キー）

▯（文字カーソル）を移動します。

⓬ テンキー

数字の入力に使用します。

⓭ ウィンドウズキー

スタートメニューの表示や、ほかのキーと組み合わせて使用します。

⓮ PrintScreen（プリントスクリーン）キー

画面キャプチャー（スクリーンショット）を撮ります。撮った画像はクリップボードに保存されます。

1-5 ローマ字・ひらがな・漢字

パソコンで漢字を入力するためには、ローマ字、ひらがなの知識が必要です。日本語の入力方法には、かな入力とローマ字入力があります。一番よく使われる日本語の入力方法が、ローマ字入力です。ローマ字で入力して、ひらがなや漢字に変換します。

ローマ字・ひらがな・漢字の関係

ローマ字	yo ko ha ma
ひらがな	よ こ は ま
漢 字	横浜

ローマ字	o ki na wa
ひらがな	お き な わ
漢 字	沖縄

ローマ字	to u kyo u
ひらがな	と う きょ う
漢 字	東京

ローマ字	fu ji sa nn
ひらがな	ふ じ さ ん
漢 字	富士山

かな・ローマ字入力の対応表

かなとローマ字入力の関係は次の表のようになります。

あ A	い I	う U	え E	お O
か KA	き KI	く KU	け KE	こ KO
さ SA	し SI (SHI)	す SU	せ SE	そ SO
た TA	ち TI (CHI)	つ TU (TSU)	て TE	と TO
な NA	に NI	ぬ NU	ね NE	の NO
は HA	ひ HI	ふ HU (FU)	へ HE	ほ HO
ま MA	み MI	む MU	め ME	も MO
や YA		ゆ YU		よ YO
ら RA	り RI	る RU	れ RE	ろ RO
わ WA	うぃ WI	う WU	うぇ WE	を WO
ん NN		ゔ VU		
が GA	ぎ GI	ぐ GU	げ GE	ご GO
ざ ZA	じ ZI (JI)	ず ZU	ぜ ZE	ぞ ZO
だ DA	ぢ DI	づ DU	で DE	ど DO
ば BA	び BI	ぶ BU	べ BE	ぼ BO
ぱ PA	ぴ PI	ぷ PU	ぺ PE	ぽ PO
ぁ LA (XA)	ぃ LI (XI)	ぅ LU (XU)	ぇ LE (XE)	ぉ LO (XO)
ゃ LYA (XYA)	ゅ LYU (XYU)	ょ LYO (XYO)		っ LTU (XTU)

きゃ KYA	きぃ KYI	きゅ KYU	きぇ KYE	きょ KYO
しゃ SYA	しぃ SYI	しゅ SYU	しぇ SYE	しょ SYO
ちゃ TYA	ちぃ TYI	ちゅ TYU	ちぇ TYE	ちょ TYO
にゃ NYA	にぃ NYI	にゅ NYU	にぇ NYE	にょ NYO
ひゃ HYA	ひぃ HYI	ひゅ HYU	ひぇ HYE	ひょ HYO
みゃ MYA	みぃ MYI	みゅ MYU	みぇ MYE	みょ MYO
りゃ RYA	りぃ RYI	りゅ RYU	りぇ RYE	りょ RYO
ふぁ FA	ふぃ FI	ふゅ FYU	ふぇ FE	ふぉ FO
		どぅ DWU		
ぎゃ GYA	ぎぃ GYI	ぎゅ GYU	ぎぇ GYE	ぎょ GYO
じゃ ZYA (JA)	じぃ ZYI	じゅ ZYU	じぇ ZYE	じょ ZYO (JO)
ぢゃ DYA	ぢぃ DYI	ぢゅ DYU	ぢぇ DYE	ぢょ DYO
びゃ BYA	びぃ BYI	びゅ BYU	びぇ BYE	びょ BYO
ぴゃ PYA	ぴぃ PYI	ぴゅ PYU	ぴぇ PYE	ぴょ PYO
てぃ THI	てゅ THU			
でぃ DHI	でゅ DHU			

1-6 タッチタイピング

タッチタイピング（Touch typing）とは、パソコンのキーボードを打つときに、キーボードを見ないで押すことをいいます。ブラインドタッチともいいます。

ホームポジション

　タッチタイピングを行う場合、指を置く位置が重要です。タッチタイピングを行うとき、基本となる指を置く位置をホームポジションといいます。

　キーボードによる入力を始めるとき、右手は人差し指から小指の順にJ、K、L、;、左手は人差し指から小指の順にF、D、S、A、両手の親指はスペースキーの上に置きます。見なくてもわかるようにFキーとJキーには小さな突起（でっぱり）がついています。Fキーには左手の人差し指、Jキーには右手の人差し指を置きます。

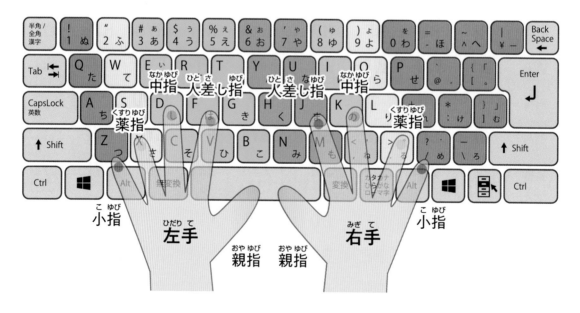

タッチタイピングソフトウェア

　タッチタイピングの練習には、タッチタイピングソフトウェアが便利です。タッチタイピングソフトウェアにはフリーソフトウェアの「MIKATYPE」(今村二郎氏開発) があります。MIKATYPE は次のURL よりダウンロードできます。

● MIKATYPE ダウンロード先

　http://www.asahi-net.or.jp/~BG8J-IMMR/

COLUMN ┃ MIKATYPE の操作

MIKATYPE でローマ字 入力 の練習を行う手順は次の通りです。

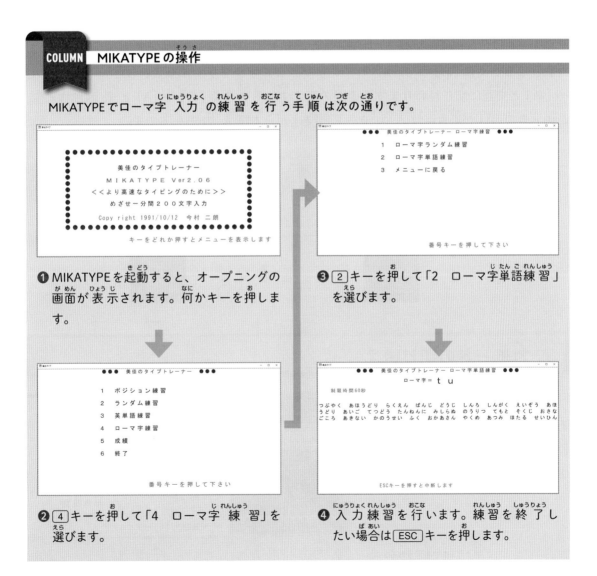

❶ MIKATYPE を起動すると、オープニングの画面が表示されます。何かキーを押します。

❷ 4 キーを押して「4　ローマ字 練習」を選びます。

❸ 2 キーを押して「2　ローマ字単語練習」を選びます。

❹ 入力練習を行います。練習を終了したい場合は ESC キーを押します。

1-7 入力モードと日本語IME

パソコンで文字入力や文字変換を行うしくみをIME（Input Method Editor）といいます。特に、日本語の入力システムは「日本語IME」と呼ばれています。Windowsには、Microsoft社製の日本語IMEが入っています。

半角英数入力モードと日本語入力モード

日本語IMEには何種類かの入力モードがあります。Windowsの画面右下を見てみましょう。[A]もしくは[あ]と表示されています。ここをクリックすると、[A]→[あ]→[A]→[あ]と交互に切り替わります。画面の真ん中にも大きく[あ]や[A]と表示されます。このときの[A]が半角英数入力モード、[あ]が日本語入力モードです。

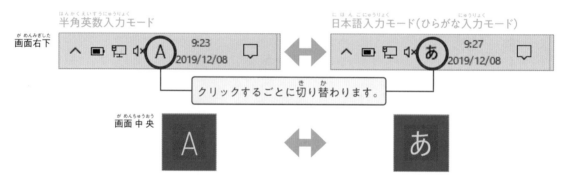

入力モードの切り替え

入力モードはほかにも種類があります。画面右下の[A]または[あ]のところを右クリックしてみましょう。

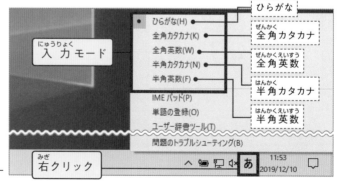

右クリックで表示されるメニュー

30

メニューの上にある項目が入力モードです。メニューには、[あ]の「ひらがな」や[A]の「半角英数」以外にも「全角カタカナ」「全角英数」「半角カタカナ」が用意されています。

メニューから選ぶと、画面右下の表示は次のように切り替わります。

なお、半角英数入力と日本語入力（ひらがな入力）は、キーボードの［半角／全角漢字］キーでも切り替えることができます。よく使う操作なので、覚えておきましょう。

入力される文字

それぞれの入力モードで、どのような文字を入力できるのか、メモ帳やワードパッド、WordやExcelなどを使って、実際に試してみましょう。メモ帳は、次の手順で起動できます。

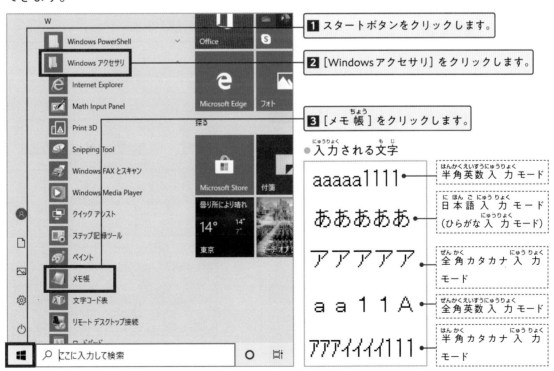

1-8 ひらがなの入力と漢字変換

ローマ字によるひらがなの入力と、漢字への変換の基本について説明します。
IMEパットによる漢字の入力方法にも触れます。

ローマ字入力とかな入力

　漢字の入力は、IMEを日本語入力モード（ひらがな入力モード）に切り替え、ひらがなを入力しながら漢字に変換します。

　ひらがなの入力は、「ローマ字入力」と「かな入力」の2種類があります。切り替えは画面右下の［あ］を右クリックして、IMEオプションから行います（左下図）。たとえば、「あ」を入力する場合、ローマ字入力はキーボードの <kbd>A ち</kbd> キー、かな入力は <kbd>＃ あ 3 あ</kbd> キーを押します（右下図）。なお、本書ではローマ字入力を基本に進めていきます。

●IMEオプションのローマ字入力とかな入力の切り替え

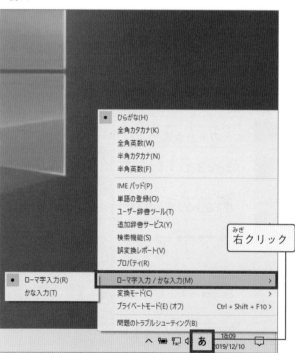

●「あ」を入力するときのキー

| ローマ字入力の場合 | かな入力の場合 |

漢字の入力（1文字ごと）

漢字への変換はひらがなを入力したあとにスペースキーまたは［変換］キーを押します。「沖」という1文字の漢字を例に、ひらがなから漢字への変換方法を説明します。

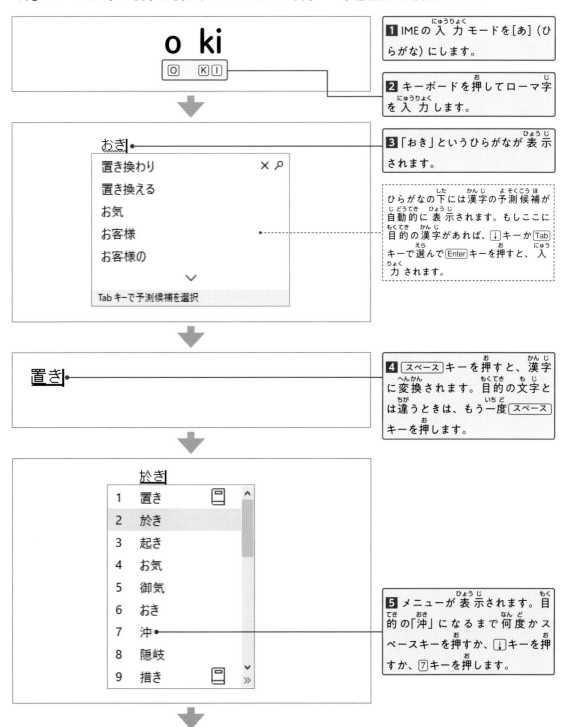

1 IMEの入力モードを［あ］（ひらがな）にします。

2 キーボードを押してローマ字を入力します。

3 「おき」というひらがなが表示されます。

ひらがなの下には漢字の予測候補が自動的に表示されます。もしここに目的の漢字があれば、［↓］キーか［Tab］キーで選んで［Enter］キーを押すと、入力されます。

4 ［スペース］キーを押すと、漢字に変換されます。目的の文字とは違うときは、もう一度［スペース］キーを押します。

5 メニューが表示されます。目的の「沖」になるまで何度かスペースキーを押すか、［↓］キーを押すか、［7］キーを押します。

33

6 「沖」になったら Enter キーを押します。

7 「沖」が入力されました。

漢字の入力（単語ごと）

「沖縄」という漢字を入力してみます。今度は単語で入力します。

1 IME を [あ] にします。

2 キーボードを押してローマ字を入力します。

3 「おきなわ」というひらがなが表示されます。

ひらがなの下には漢字の予測候補が自動的に表示されます。もしここに目的の漢字があれば、↓キーか Tab キーで選びます。

4 スペースキーを押すと、漢字に変換されます。目的の漢字になっているときは、Enter キーを押します。

5 「沖縄」が入力されました。

漢字の入力（IMEパッド）

　読み方がわからない漢字を入力するときに便利なのがIMEオプションのIMEパッドです。マウスで文字の形を書き込めば、似たような漢字を探してくれます。

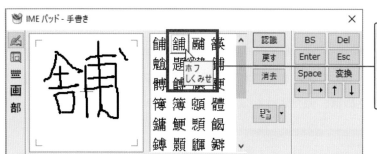

5 マウスポインターを漢字に合わせると「ひらがなでのよみかた」(読み仮名といいます) が表示されます。

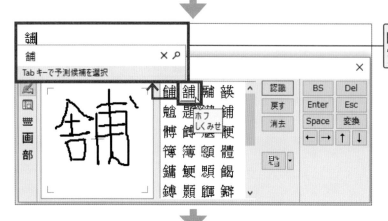

6 候補の漢字をクリックすると、文書に文字が入力されます。

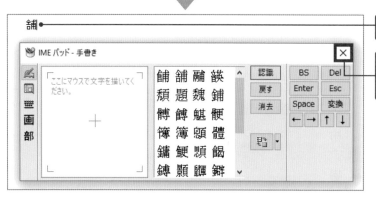

7 ENTER キーで確定します。

8 × ボタンをクリックすると終了します。

Point IMEパッドのボタン

書き込みを消去します。　1つ前に戻ります。

IMEパッドには、1つ前に戻したり、消去するボタンがあります。また、キーボードと同じ機能のボタンが一部、用意されています。

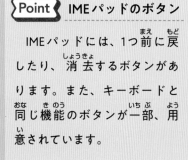

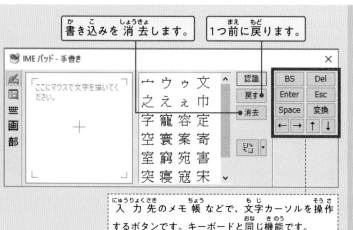

入力先のメモ帳などで、文字カーソルを操作するボタンです。キーボードと同じ機能です。

2章

フォルダーや
ファイル操作の基本 編

2-1 ウィンドウの操作

Windowsではアプリケーションを起動すると、ほとんどの場合、ウィンドウで表示されます。ウィンドウの一例として、ファイル操作で利用するエクスプローラーの画面を下記に示します（エクスプローラーもアプリケーションのひとつです）。なお、Windows10ではアプリケーションのことをアプリと表記していることがあります。

◆ エクスプローラーのウィンドウと各部の名前

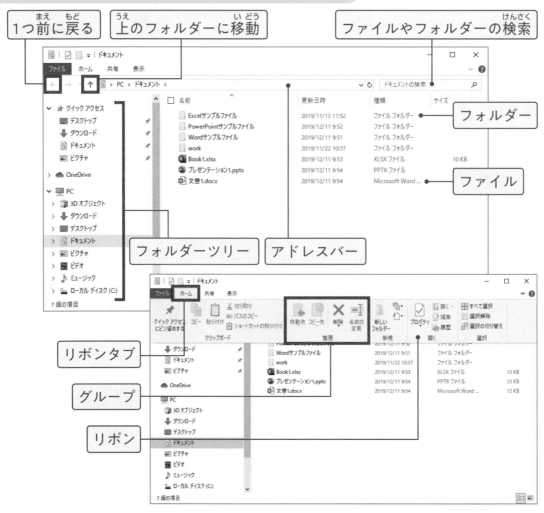

◆ ウィンドウの選択方法

ウィンドウを選ぶときは、ウィンドウをクリックします。
ウィンドウの上の部分をクリックするとよいでしょう。

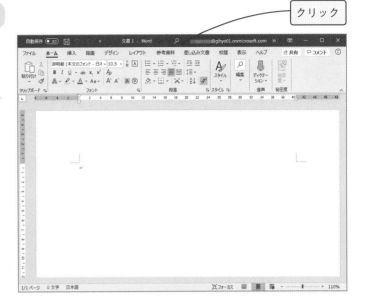

クリック

◆ ウィンドウの移動方法

ウィンドウを移動するには、ウィンドウの上の部分をドラックします。

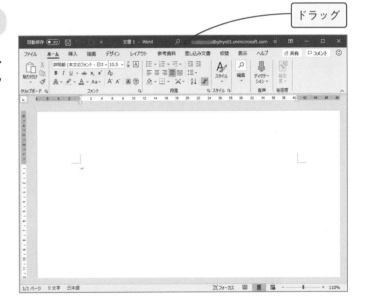

ドラッグ

> **Point** アプリケーションの選択（切り替え）

複数のアプリケーションが起動しているときは、画面下にあるタスクバーに並びます。アプリケーションを切り替えるには、タスクバーのアイコンをクリックします。

クリックでアプリケーションの選択（切り替え）

◆ウィンドウの最大化ボタン

　ウィンドウを画面いっぱいに表示する場合は、最大化ボタンをクリックします。

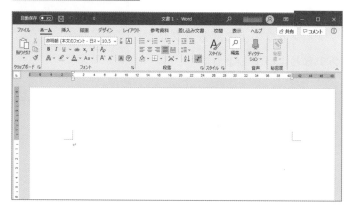

◆ウィンドウの最小化ボタン

　画面をかくす場合は、最小化ボタンをクリックします。
　画面から消えますが、アプリケーションは終了していません。
　タスクバーのアイコンをクリックすると画面に表示されます。

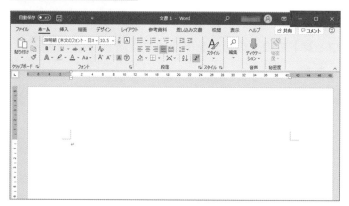

◆閉じるボタン

　アプリケーションを終了するときには、閉じるボタンをクリックします。
　もし、ファイルが保存されていないときに閉じるボタンをクリックすると、右図のような保存のためのウィンドウが表示されます。

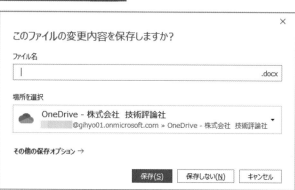

◆ アプリケーションの切り替えで困ったら

アプリケーションの切り替えで困ったら、Alt+Tabキー（Altキーを押しながらTabキーを押す）を押してみましょう。現在起動中のアプリケーションの一覧が表示されます。Altキーを押しながらTabキーを何度か押して、使用したいアプリケーションに切り替えます。

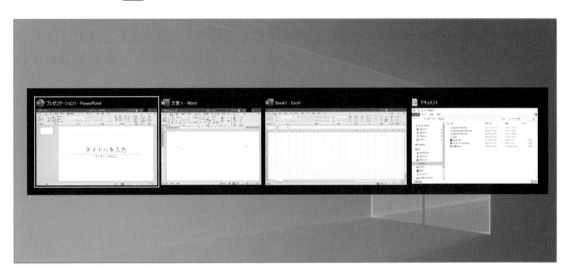

Point Windowsの設定とセキュリティ

スタートメニューには、Windowsの設定を行うアイコンがあります。

自分でコンピューターを管理するときは、このアイコンをクリックすると各種設定が行えます。

特にやっておきたいのがセキュリティ対策です。「更新とセキュリティ」を実行して、Windowsを最新の状態にしてください。

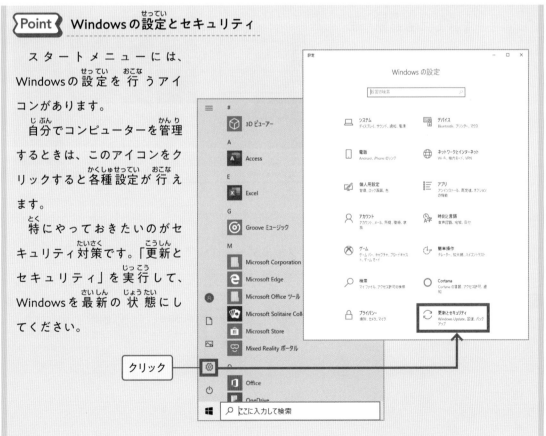

2-2 ファイル／フォルダーの作成と移動

Windowsでは、ファイルやフォルダーが数多く保存されています。ファイルとは文字や画像、音声などのデータです。フォルダーは複数のファイルをまとめる入れものです。

◆ エクスプローラーの起動

ファイルの作成や削除などの操作をするアプリケーションはエクスプローラーです。

スタートメニューから起動できますが、Windowsキーを押しながら[e]キーを押しても起動します。

クリック

◆ フォルダーの作成

[ホーム] タブの [新しいフォルダー] でフォルダーを作成できます。

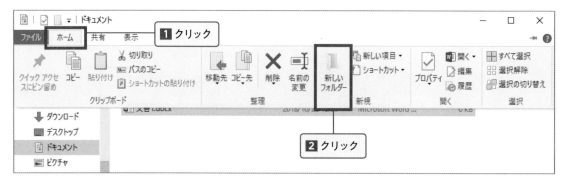

1 クリック

2 クリック

◆ 削除

ファイルやフォルダーを削除する場合は、デスクトップにあるゴミ箱にドラッグして入れます。ごみ箱の上に重ね、ドラッグをやめると、ゴミ箱に入ります。

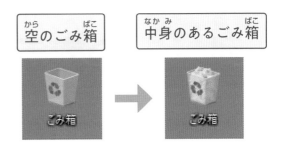

◆ コピー・貼り付け

ファイルのコピーは、ファイルを選択し、[ホーム] タブの [コピー] をクリックします。

そして、コピー先のフォルダーに移動し、[ホーム] タブから [貼り付け] をクリックすれば、コピーが実行されます。

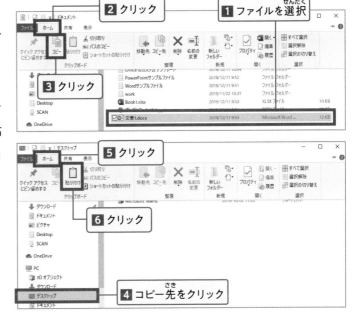

◆ 移動（切り取り・貼り付け）

ファイルの移動は、ファイルを選択し、[ホーム] タブの [切り取り] をクリックします。

そして、移動先のフォルダーに移動し、[ホーム] タブから [貼り付け] をクリックすれば、移動が実行されます。

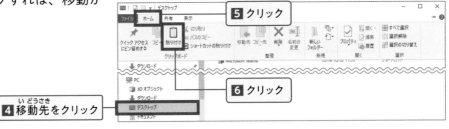

2-3 ファイル／フォルダーの表示の変更

エクスプローラーでファイルやフォルダーの閲覧ができます。表示方法を変更し利用できます。

◆ 表示の変更

［表示］タブでファイルやフォルダーの表示方法が変更できます。

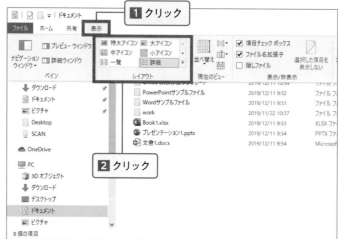

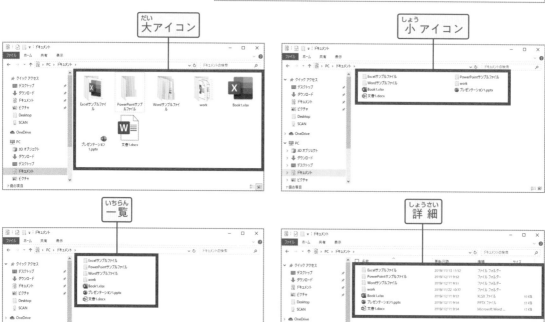

大アイコン

小アイコン

一覧

詳細

◆ 名前の変更

　ファイルやフォルダーの名前の
変更は、[ホーム]タブの[名前の
変更]で行います。

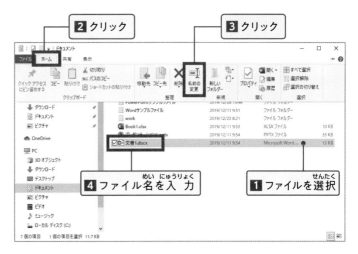

◆ 並べ替え

　ファイルやフォルダーの並び
順の変更は、[表示]タブの[並
べ替え]をクリックします。

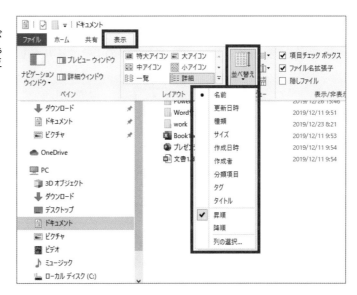

Point　右クリックの利用

　ファイルやフォルダーを選択し、右ク
リックをすると、[コピー]や[移動]、[貼
り付け]のメニューが表示されます。
[ホーム]タブのボタンと同じ操作ができ
ます。

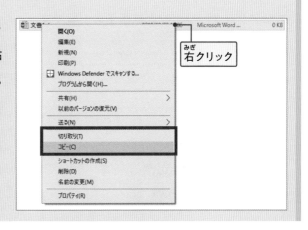

2-4 ファイルの拡張子

Windowsでは、ファイルをダブルクリックすると関連づけられたアプリケーションで起動します。これはファイルとアプリケーションの関連を拡張子で判別しているからです。拡張子とはファイル名の右の「.」につづく3文字から4文字程度の英数字です。アプリケーションごとにその英数字は決められています。

◆ 拡張子の表示

拡張子を表示するには［表示］タブの［ファイル名拡張子］にチェックを入れます。

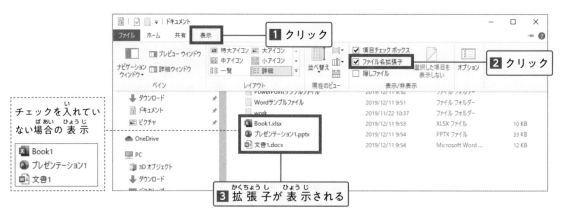

3 拡張子が表示される

◆ 拡張子のリスト

アプリケーションごとに拡張子は決められています。
主なアプリケーションと拡張子の一覧です。

拡張子	主なアプリケーション
.txt	メモ帳
.doc	Word
.docx	Word
.xls	Excel
.xlsx	Excel
.ppt	PowerPoint
.pptx	PowerPoint
.jpg	フォト

拡張子	主なアプリケーション
.jpeg	フォト
.gif	フォト
.png	フォト
.bmp	フォト
.mp3	Windows Media Player
.mpg	Windows Media Player
.mpeg	Windows Media Player
.zip	エクスプローラー

◆ 関連づけの変更

拡張子とアプリケーションの関連は、次の手順で変更できます。

変更したい拡張子のファイルを右クリックし、[プログラムから開く] → [別のプログラムを選択] をクリックします。

次に [その他のオプション] や [その他のアプリケーション] で変更したいアプリケーションを選択します。

[常にこのアプリケーションを使ってxxxを開く] にチェックを入れると、次回からダブルクリックしたときに、指定したアプリケーションで開きます。

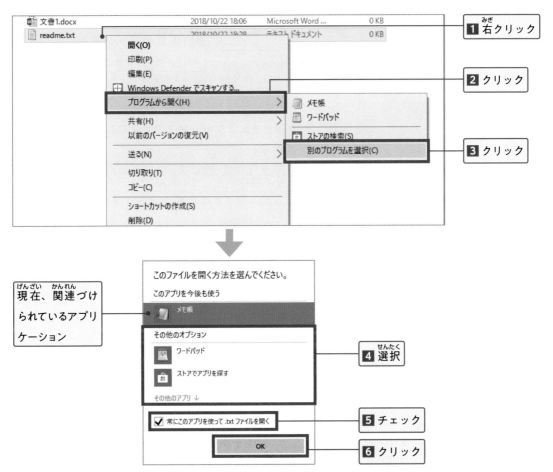

Point 拡張子の変更

ファイル名の変更で、拡張子を変更した場合、右図のようなメッセージが表示されることがあります。

もし、変更しないときは「いいえ」をクリックします。変更するときは「はい」をクリックします。

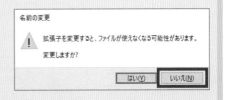

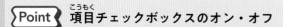

> **Point** 項目チェックボックスのオン・オフ

　項目チェックボックスは、ファイルにマウスを近づけると表示される□のマークです。ク
リックするとチェックマークがつきます。ファイルを選ぶときに利用します。項目チェック
ボックスを次の手順でオフにすると表示されなくなります。この状態で複数のファイルを選
択したいときは、Ctrl＋クリック（クリックしたファイルを選択）、Shift＋クリック（クリックし
た範囲を選択）、マウスドラッグなどの方法があります。

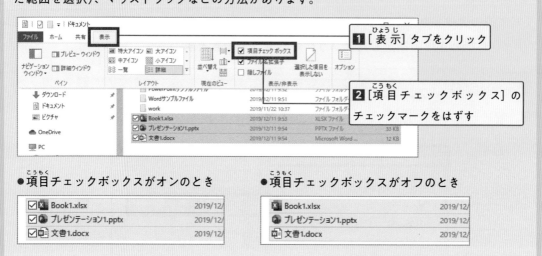

●項目チェックボックスがオンのとき　　　　　●項目チェックボックスがオフのとき

> **Point** リボン表示の変更

　エクスプローラーのリボンをずっと表示したいときは、タブをダブルクリックするか、右上
の　∨　をクリックします。

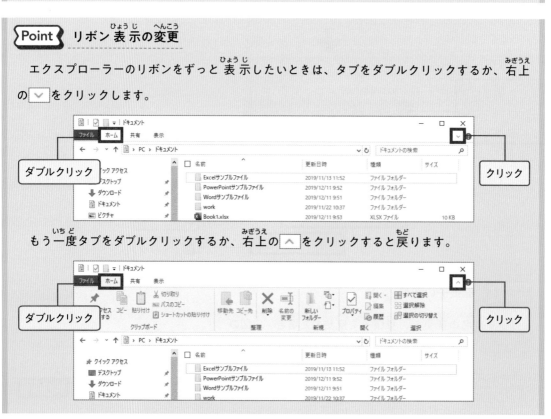

もう一度タブをダブルクリックするか、右上の　∧　をクリックすると戻ります。

3章 しょう

Word 編 へん

3章 Word編で学ぶ内容

3-1 Wordの基本

Wordの起動や終了、文書の保存など、基本操作について学びます。

学ぶこと
- 3-1-1 Wordの起動と終了、保存フォルダーの作成
- 3-1-2 Wordの画面
- 3-1-3 「新規文書の作成」と「文書を閉じる」
- 3-1-4 文書の保存
- 3-1-5 文書の読み込み
- 3-1-6 テンプレート
- 3-1-7 文書の印刷

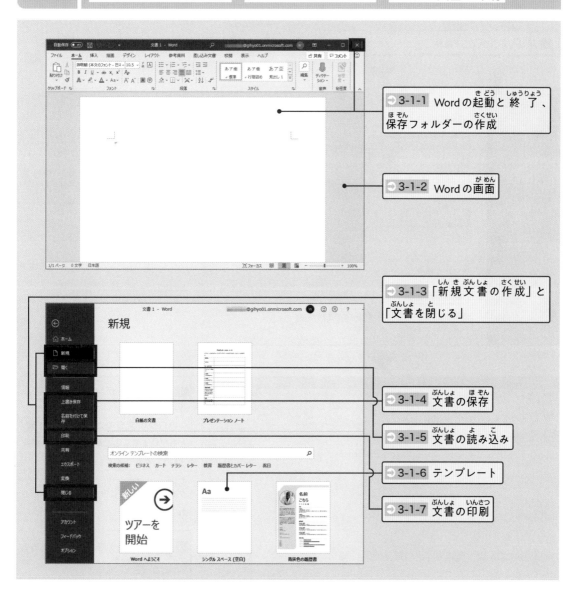

- 3-1-1 Wordの起動と終了、保存フォルダーの作成
- 3-1-2 Wordの画面
- 3-1-3 「新規文書の作成」と「文書を閉じる」
- 3-1-4 文書の保存
- 3-1-5 文書の読み込み
- 3-1-6 テンプレート
- 3-1-7 文書の印刷

3-1-1 Wordの起動と終了、保存フォルダーの作成

Wordの起動と終了

Wordの起動と終了方法を学びます。

1 （スタートボタン）をクリックします。

2 Word をクリックします。

3 ［白紙の文書］をクリックします。

4 白紙の文書が開きました。

この白紙の文書のことを「新規文書」ともいいます。ここから文書の作成を行うことができます。

タイトルバーには「文書1」と表示されています。

5 ×（閉じる）をクリックするとWordが終了します。

「ドキュメント」に自分用の保存フォルダーを作成

　これから学習する文書を「ファイルとして保存」するためのフォルダーを準備します。「ドキュメント」フォルダーにファイル保存用のフォルダーを作成しましょう。手順は次の通りです。

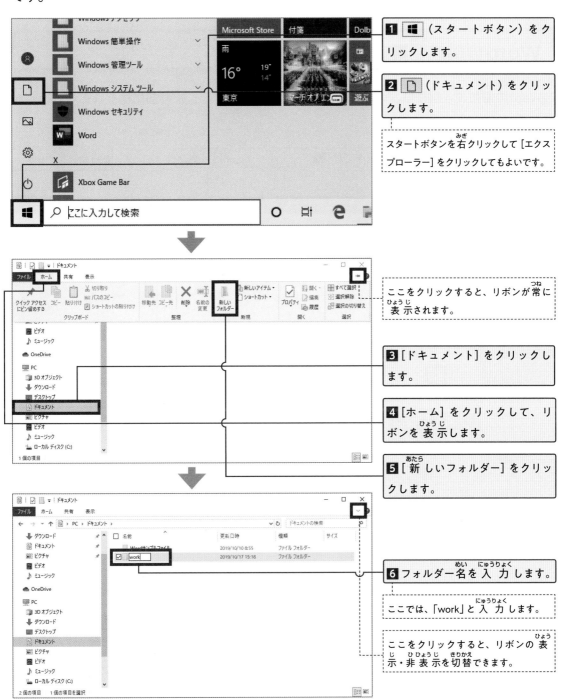

1 （スタートボタン）をクリックします。

2 （ドキュメント）をクリックします。

スタートボタンを右クリックして [エクスプローラー] をクリックしてもよいです。

ここをクリックすると、リボンが常に表示されます。

3 [ドキュメント] をクリックします。

4 [ホーム] をクリックして、リボンを表示します。

5 [新しいフォルダー] をクリックします。

6 フォルダー名を入力します。

ここでは、「work」と入力します。

ここをクリックすると、リボンの表示・非表示を切替できます。

3-1-2 Wordの画面

Wordの画面の各部は、それぞれの役目があります。Wordを始める前にWordの画面の各部
の役割を理解しましょう。

Wordの構成要素

Wordの画面の各部には次のような名前が付いています。また各部にはそれぞれの役割が
あります。

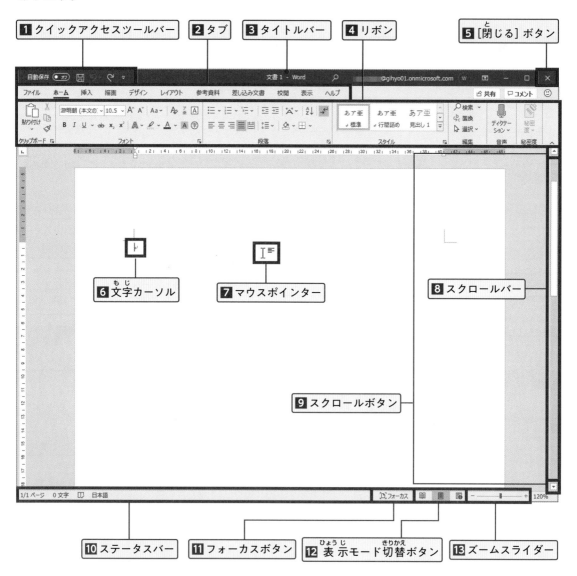

1 クイックアクセスツールバー　2 タブ　3 タイトルバー　4 リボン　5 [閉じる] ボタン

6 文字カーソル　7 マウスポインター　8 スクロールバー

9 スクロールボタン

10 ステータスバー　11 フォーカスボタン　12 表示モード切替ボタン　13 ズームスライダー

1 クイックアクセスツールバー
よく使うコマンドを登録できます。

2 タブ
クリックするとリボンの内容が変わります。

3 タイトルバー
ファイル名（文書名）が表示されます。

4 リボン
必要な機能がグループになっています。

5 [閉じる] ボタン
Wordが終了します。

6 文字カーソル
文字を入力する位置です。

7 マウスポインター
マウスの位置が表示されます。

8 スクロールバー
上下にドラッグすると、画面がスクロールします。

9 スクロールボタン
[▲] や [▼] をクリックすると画面がスクロールします。

10 ステータスバー
文書のページ数や文字数が表示されます。

11 フォーカスボタン
クリックすると、全画面表示になります。
ESC キーで元に戻ります。

12 [表示モード切替] ボタン
クリックすると、画面の表示形式が変わります。まん中の[印刷レイアウト]が標準です。

13 ズームスライダー
[I]（ズーム）を左右にドラッグすると表示の大きさの比率が変わります。
[−]（縮小）をクリックすると表示が小さくなります。
[+]（拡大）をクリックすると表示が大きくなります。

Point 表示モード切替ボタン

12 の [表示モード切替] ボタンは、左から [閲覧モード] [印刷レイアウト] [Webレイアウト] になります。標準では [印刷レイアウト] になっています。その他の表示は次の通りです。

● [閲覧モード]

● [Webレイアウト]

3-1-3 「新規文書の作成」と「文書を閉じる」

3-1-1では、Wordを起動したときに［白紙の文書］を選ぶことで、新規文書が作成されました。また［×］（閉じる）をクリックすると終了しました。別の方法としてWordには起動したあとに、［ファイル］タブから、新規文書を作成したり、文書を閉じる方法があります。

［ファイル］タブから新規文書を作成する手順

1 ■ （スタートボタン）をクリックします。

2 [Word] をクリックします。

3 ［白紙の文書］をクリックします。

4 「文書1」が作成されました。

5 ［ファイル］をクリックします。

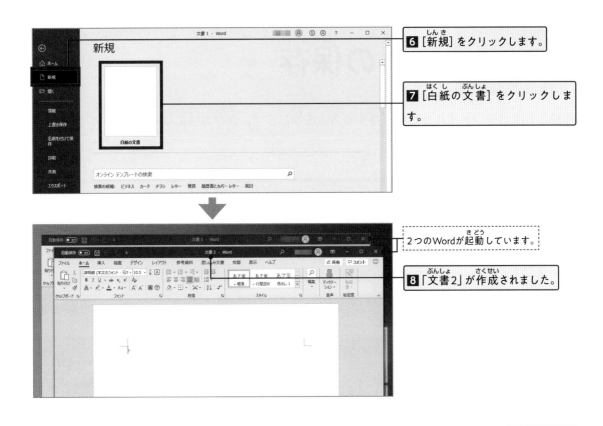

6 [新規]をクリックします。

7 [白紙の文書]をクリックします。

2つのWordが起動しています。

8 「文書2」が作成されました。

「文書を閉じる」の手順

1 「文書2」の[ファイル]をクリックします。

2 [閉じる]をクリックします。

画面右上の[×]ボタンをクリックしても同じです。

3-1-4 文書の保存

作成した文書をファイルとして保存する方法を学びます。保存方法には、[名前を付けて保存] と、[上書き保存] があります。

「名前を付けて保存」の手順

[名前を付けて保存] は一度も保存していない新規文書や別の名前を付けて保存したいときに選びます。

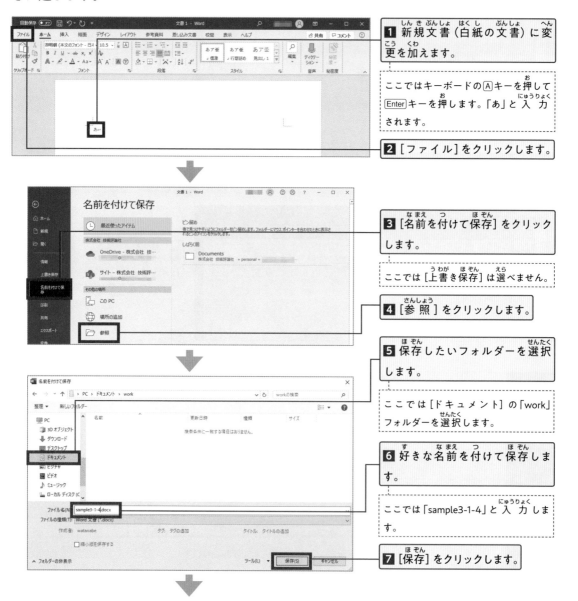

1 新規文書（白紙の文書）に変更を加えます。

ここではキーボードの[A]キーを押して[Enter]キーを押します。「あ」と入力されます。

2 [ファイル]をクリックします。

3 [名前を付けて保存]をクリックします。

ここでは[上書き保存]は選べません。

4 [参照]をクリックします。

5 保存したいフォルダーを選択します。

ここでは[ドキュメント]の「work」フォルダーを選択します。

6 好きな名前を付けて保存します。

ここでは「sample3-1-4」と入力します。

7 [保存]をクリックします。

8 タイトルバーが入力したファイル名になりました。

「上書き保存」の手順

名前を付けて保存したあとに文書の内容を変更し、保存したいときは、[上書き保存]を選びます。もし、別の名前で保存したいときは、[名前を付けて保存]を選びます。

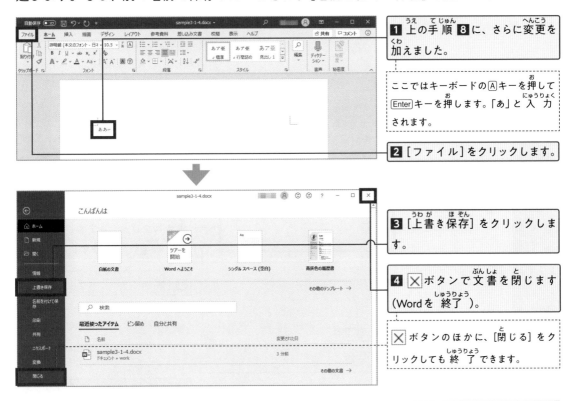

1 上の手順**8**に、さらに変更を加えました。

ここではキーボードの**A**キーを押して**Enter**キーを押します。「あ」と入力されます。

2 [ファイル]をクリックします。

3 [上書き保存]をクリックします。

4 **X**ボタンで文書を閉じます（Wordを終了）。

Xボタンのほかに、[閉じる]をクリックしても終了できます。

Point 保存しないで閉じようとしたとき

もし、文書を変更して、保存せずに閉じようとすると、右のような警告画面が表示されます。一度も文書を保存していないときに[保存]を選ぶと、左ページ手順**3**の画面が表示されます。

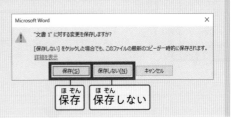

保存　保存しない

3-1-5 文書の読み込み

ファイルに保存した文書や本書のサンプルファイルは、次の手順でWordに読み込みます。
「文書の読み込み」のことを「ファイルを開く」ともいいます。

「読み込み」の手順

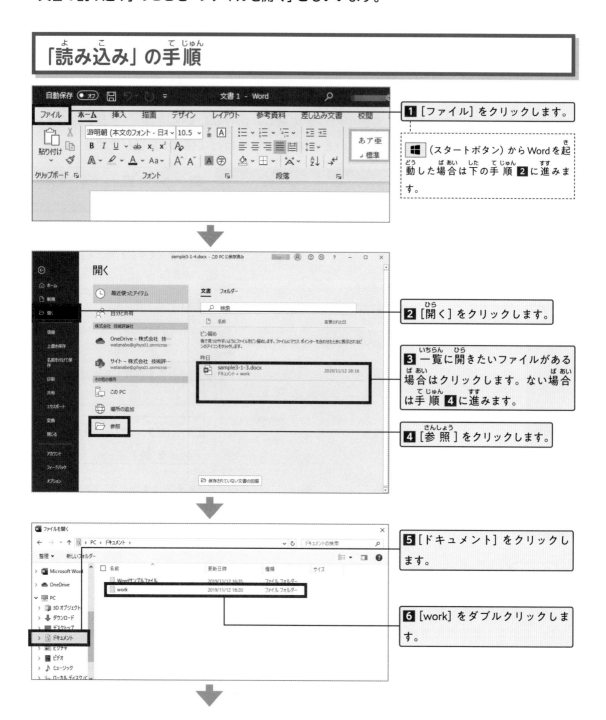

1 [ファイル]をクリックします。

■ （スタートボタン）からWordを起動した場合は下の手順 **2** に進みます。

2 [開く]をクリックします。

3 一覧に開きたいファイルがある場合はクリックします。ない場合は手順 **4** に進みます。

4 [参照]をクリックします。

5 [ドキュメント]をクリックします。

6 [work]をダブルクリックします。

7 目的のファイルをクリックします。

ここでは、「sample3-1-4.docx」をクリックしています。

8 ［開く］をクリックします。

9 ファイルが読み込まれました。

Point 保存している Word ファイルをダブルクリック

エクスプローラーからフォルダーのなかにある Word ファイルをダブルクリックしても、文書が読み込まれます。

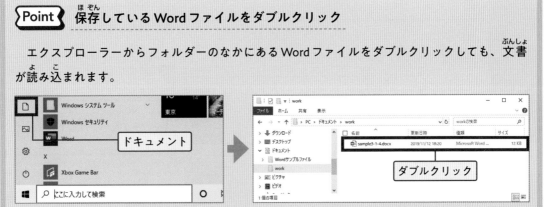

ドキュメント

ダブルクリック

Point ダウンロードしたファイルを開く場合

インターネットから入手したファイルは、コンピューターを保護するために「読み取り専用」として保護ビューで開かれます。この状態では文書作成ができませんので、［編集を有効にする］ボタンをクリックします。

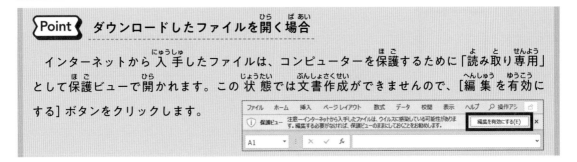

3-1-6 テンプレート

テンプレートを利用すると文章の作成が楽に行えます。Wordにはさまざまなテンプレートが用意されています。Wordでは起動した時に、テンプレートを選択することができます。

テンプレートの選択

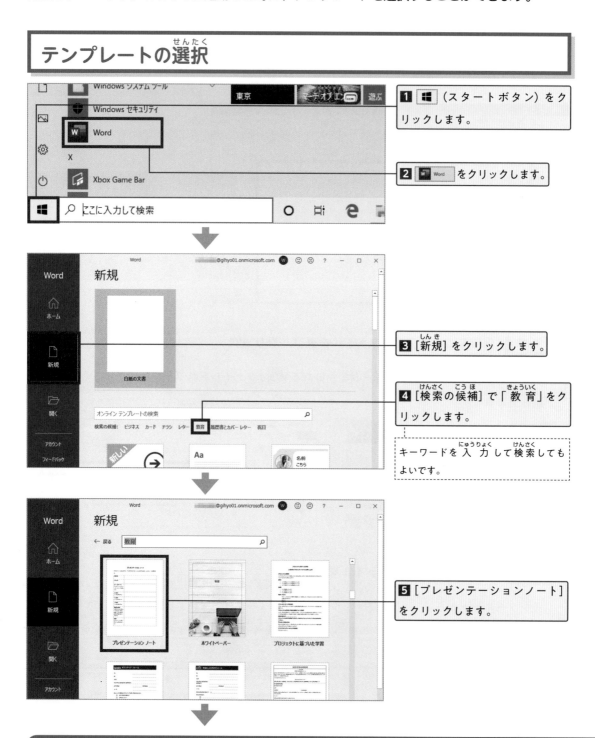

1 ⊞ (スタートボタン) をクリックします。

2 Word をクリックします。

3 [新規] をクリックします。

4 [検索の候補] で「教育」をクリックします。

キーワードを入力して検索してもよいです。

5 [プレゼンテーションノート] をクリックします。

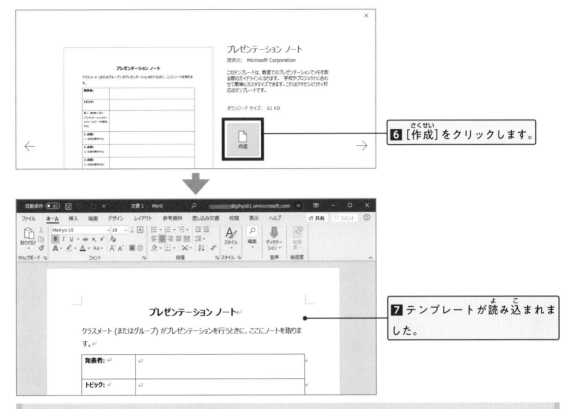

6 [作成]をクリックします。

7 テンプレートが読み込まれました。

Point ショートカットキー一覧

　ショートカットキーとは、キーボードのキーを組み合わせて行う操作です。マウスに手を伸ばさず行えるので、作業がとてもスピードアップします。たとえば、Ctrl + N と書いてある場合、Ctrl キーを押しながら、N キーを押します。たくさんのショートカットキーがありますが、下記はその一部です。

Ctrl + N	新規作成		Ctrl + P	印刷
Ctrl + O	文書を開く		F4	繰り返し
Ctrl + W	文書を閉じる		Ctrl + Home	カーソルを文頭に移動
Alt + F4	Wordの終了		Ctrl + End	カーソルを文末に移動
F12	名前を付けて保存		Ctrl + B	文字を太字にする
Ctrl + S	上書き保存		Ctrl + I	文字を斜体にする
Ctrl + X	切り取り		Ctrl + U	文字に下線を引く
Ctrl + C	コピー		Ctrl + R	右揃えにする
Ctrl + V	貼り付け		Ctrl + E	中央揃えにする
Ctrl + Z	元に戻す		Ctrl + ENTER	改ページ
Ctrl + Y	やり直し			

3-1-7 文書の印刷

Wordの文書は次の手順で印刷できます。先ほど読み込んだテンプレートを印刷してみましょう。

「印刷」の手順

1 [ファイル] をクリックします。

2 [印刷] をクリックします。

3 印刷に使用するプリンターを選びます。

4 印刷の設定を行います。

ここでは何も変えていません。

5 プレビューで確認します。

6 [印刷] をクリックします。

> **Point** 印刷の設定

印刷の画面では、印刷部数や用紙サイズなどの印刷に関する設定ができます。

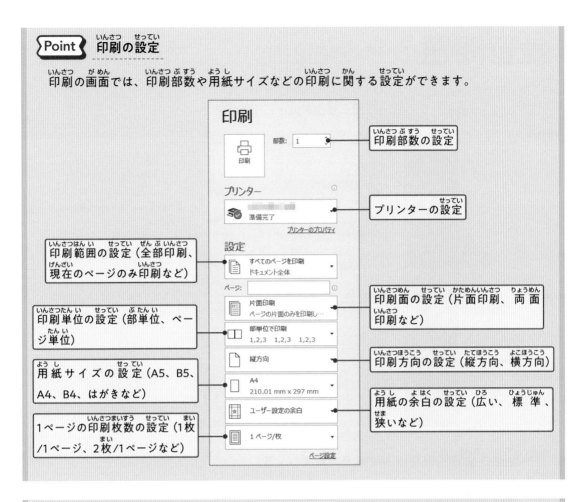

- 印刷部数の設定
- プリンターの設定
- 印刷範囲の設定（全部印刷、現在のページのみ印刷など）
- 印刷単位の設定（部単位、ページ単位）
- 用紙サイズの設定（A5、B5、A4、B4、はがきなど）
- 1ページの印刷枚数の設定（1枚/1ページ、2枚/1ページなど）
- 印刷面の設定（片面印刷、両面印刷など）
- 印刷方向の設定（縦方向、横方向）
- 用紙の余白の設定（広い、標準、狭いなど）

> **Point** ［上書き保存］ボタンですばやく保存

上書き保存はショートカットキー Ctrl + S を使ってすばやくできますが、クイックアクセスツールバーの［上書き保存］ボタンも、クリックするだけで、すばやく上書き保存ができます。このように Word には1つの操作に対して複数のやり方が用意されています。

［上書き保存］ボタン

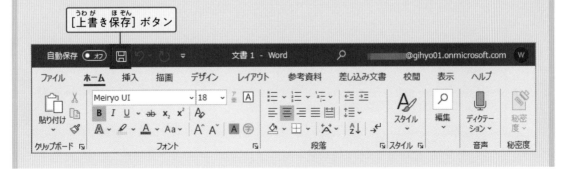

練習問題

課題1

Wordを起動して白紙の文書を開いてみましょう。

課題2

画面の表示倍率を80%に変えてみましょう。

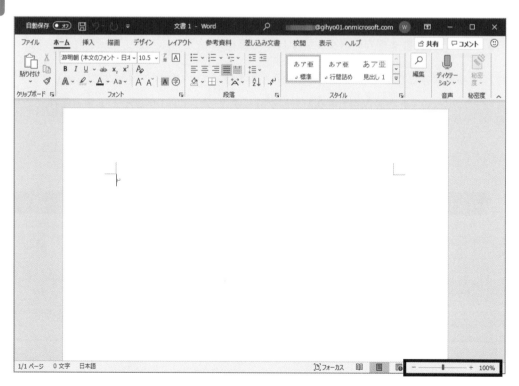

3-2 入力操作の基本

ここでは、入力操作の基本について学びます。文字の入力のほか、修正や検索、コピーなどについて学びます。

学ぶこと

- ➡ 3-2-1 ひらがなの入力と改行
- ➡ 3-2-2 文節の変更と漢字変換
- ➡ 3-2-3 ひらがなからカタカナ、ローマ字への変更
- ➡ 3-2-4 文字の削除と挿入
- ➡ 3-2-5 文字の検索と置換
- ➡ 3-2-6 文字のコピーと貼り付け

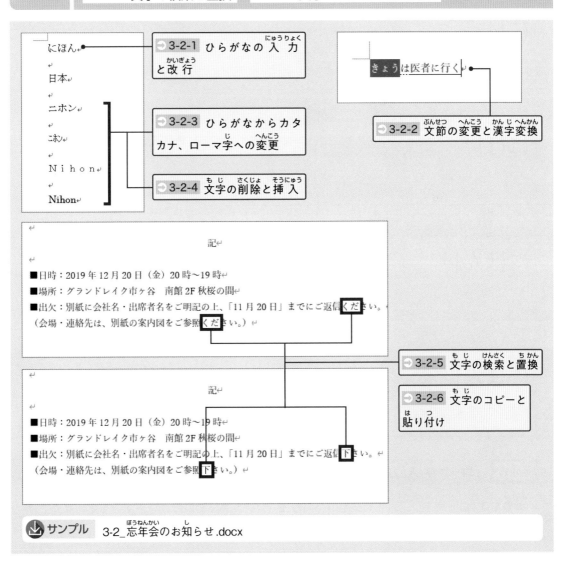

サンプル　3-2_忘年会のお知らせ.docx

3-2-1 ひらがなの入力と改行

日本語の文字の入力方法には、「ローマ字入力」と「かな入力」があります。本書では、「ローマ字入力」による「ひらがな」の入力方法について解説します。また、改行の方法を学びます。

ひらがなの入力

ローマ字入力で「にほん」と入力してみましょう。

| に\| ↵ | **1** N I の順にキーを押します。 |

↓

| にほ\| ↵ | **2** H O の順にキーを押します。 |

↓

| にほん\| ↵ | **3** N N の順にキーを押します。 |

↓

| にほん\| ↵ | **4** Enter キーを押して、確定します。 |

> **Point** 「ローマ字入力」にはローマ字の知識が必要
>
> 本書では「ローマ字入力」で文字の入力を行います。そのためローマ字を覚えなくてはいけません。「ローマ字」に関しては、1章を参照してください。

改行

改行は Enter キーを押します。カーソルが下の行に移動します。1行目に「にほん」、2行目に「ふじさん」と入力してみましょう。

> にほん|↵

1 NIHONN の順にキーを押します。

2 Enter キーを押して、確定します。

↓

> にほん↵
> |↵

3 もう一度、Enter キーを押して改行します。

↓

> にほん
> ふじさん|↵

4 FUJISANN の順にキーを押します。

5 Enter キーを押して、確定します。

> **Point** 全角文字と半角文字
>
> 文字には「全角文字」と「半角文字」があります。ひらがな、漢字はすべて全角文字です。カタカナ、数字、アルファベットは全角文字と半角文字のどちらかを選んで入力します。
>
> | ア | Ａ | ｱ | A |
> |---|---|---|---|
> | 全角文字 | | 半角文字 | |

> **Point** 入力する文字の選び方
>
> Windows の画面右下に あ A と表示されています。ここを右クリックするとメニューが表示されるので、入力したい文字を選びます。
>
>
>
>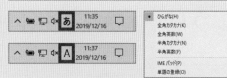

3-2-2 文節の変更と漢字変換

ひらがなを入力したあと、漢字に変換して入力する方法を学びます。なお、漢字の入力の基本については1章も参照してください。

漢字の入力

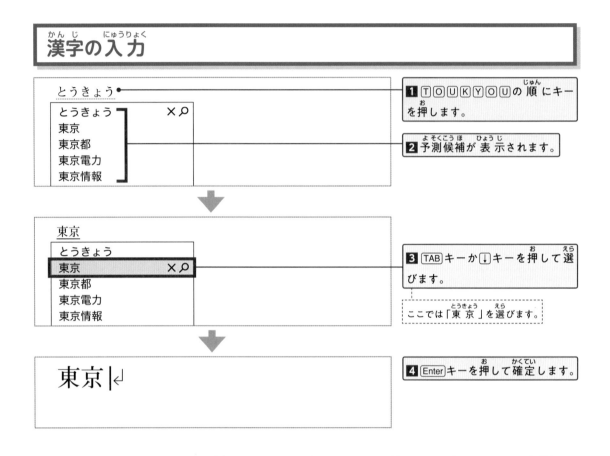

とうきょう

とうきょう	×𝒫
東京	
東京都	
東京電力	
東京情報	

1 TOUKYOUの順にキーを押します。

2 予測候補が表示されます。

東京

とうきょう	
東京	×𝒫
東京都	
東京電力	
東京情報	

3 TABキーか↓キーを押して選びます。

ここでは「東京」を選びます。

東京|↵

4 Enterキーを押して確定します。

文節の変更と漢字の入力

　ひらがなを入力して、うまく漢字に変換できないときに行う操作が「文節の変更」です。ひらがなのどの部分を漢字にしたいかを指定できます。文章を入力するときに便利です。「今日歯医者に行く」という文を入力してみましょう。

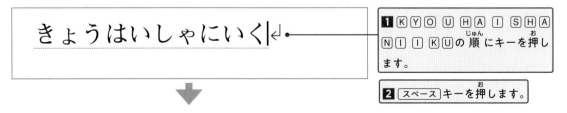

きょうはいしゃにいく|↵

1 KYOUHAISHA NIIKUの順にキーを押します。

2 スペースキーを押します。

今日は医者に行く|

3 「今日は」の下のアンダーライン
が太くなっています。

きょうは医者に行く|↵

4 Shift ＋ ← キー（Shift キーを押
しながら←キー）を押して、「きょ
う」を選択します。

今日は医者に行く|↵

5 スペース キーを押します。

「きょう」を「今日」に変換します。一
度で変換されないときは何度かスペー
スを押します。

今日は医者に行く|↵

6 → キーを押します。

アンダーラインが「は」に移動します。

今日はいしゃに行く|↵

7 Shift ＋ → キーを押して、「はい
しゃ」を選択します。

今日歯医者に行く|↵

1　はいしゃ
2　歯医者
3　廃車

8 スペース キーを押して、「歯医
者」に変換します。一度で変換さ
れないときは何度かスペースを押し
ます。

今日歯医者に行く|↵

9 正しい文章になっていたら
Enter キーを押して確定します。

3-2-3 ひらがなからカタカナ、ローマ字への変更

F1やF2キーのことをファンクションキーといいます。ファンクションキーを押すことで入力した文字を、ほかの文字表示に変更することができます。

ファンクションキーによる変換

◆ ひらがな → カタカナ（全角）

| よこはま↵ | 1 YOKOHAMAの順にキーを押します。 |

⬇

| ヨコハマ↵ | 2 F7キーを押します。 |

⬇

| ヨコハマ↵ | 3 Enterキーを押して、確定します。 |

◆ ひらがな → カタカナ（半角）

| よこはま↵ | 1 YOKOHAMAの順にキーを押します。 |

⬇

| ﾖｺﾊﾏ↵ | 2 F8キーを押します。 |

⬇

| ﾖｺﾊﾏ↵ | 3 Enterキーを押して、確定します。 |

◆ ひらがな → ローマ字（全角）

よこはま|↵

1 YOKOHAMAの順にキーを押します。

↓

ｙｏｋｏｈａｍａ|↵

2 F9キーを押します。

↓

ｙｏｋｏｈａｍａ|↵

3 Enterキーを押して、確定します。

◆ ひらがな → ローマ字（半角）

よこはま|↵

1 YOKOHAMAの順にキーを押します。

↓

yokohama|↵

2 F10キーを押します。

↓

yokohama|↵

3 Enterキーを押して、確定します。

> Point 入力したあとでも変更できる

Enterキーを押して確定したあとに文字をドラッグして選択し、スペースキーや変換キー、F10キーなどを押しても文字を変更することができます。
漢字の場合も、それぞれ同様の方法で表示を変更することができます。

文字をドラッグして選択

横浜

→ F10キー

yokohama

→ Enterキー

yokohama

3-2-4 文字の削除と挿入

カーソルを操作して、文字の削除と文字の挿入を行うことができます。削除の方法には、Back space キーによる削除、Delete キーによる削除、選択して削除の3つあります。

文字の削除

東京都港区|↵

■1 まず、東京都港区と入力します。

TOUKYOUTOMINAT OKUとキーを押します。

◆ カーソルの左の文字を削除（Back space キー）

東京都港区|↵

■2 Back space キーを押します。

東京都港|↵

■3 カーソルの左側の文字が削除されました。

ここでは「区」が削除されました。

◆ カーソルの右の文字を削除（Delete キー）

東京都|港↵

■4 削除したい文字の左側にカーソルを移動します。

ここでは ← キーで港の左側にカーソルを移動します。

東京都|↵

■5 Delete キーを押すと、カーソルの右側の文字が削除されました。

ここでは「港」が削除されました。

◆ 選択して Delete キーで削除

東京都↵

> **6** 削除したい文字をドラッグして選択します。 Shift +矢印キーでも選択できます。
>
> ここでは「東京都」を選択します。

|↵

> **7** Delete キーを押すと「東京都」が削除されました。 Back space キーでも削除できます。

文字の挿入

東京港区|↵

> **1**「東京港区」と入力します。
>
> T O U K Y O U M I N A T O K U とキーを押します。

東京|港区

> **2** 文字を挿入したい場所にカーソルを移動します。
>
> ここでは「港」の左に移動します。

東京と港区↵

> **3** 文字を入力します。
>
> ここでは「と」(T O)と入力して スペース キーを押します。

東京都|港区↵

> **4**「都」を選んだら Enter キーを押して、確定します。

> **Point** 文字間での改行
>
> 文字と文字の間にカーソルを移動して、 Enter キーを押すと、カーソルの位置で改行されます。
>
> 東京都|港区↵
>
> Enter キー
>
> → 東京都↵
> 　 港区|↵

3-2-5 文字の検索と置換

文章のなかから文字を探すことを「検索する」といいます。また、検索した文字を他の文字に置き換えることを置換といいます。

文字の検索

 サンプル 3-2_忘年会のお知らせ.docx

「ください」という文字を検索しましょう。

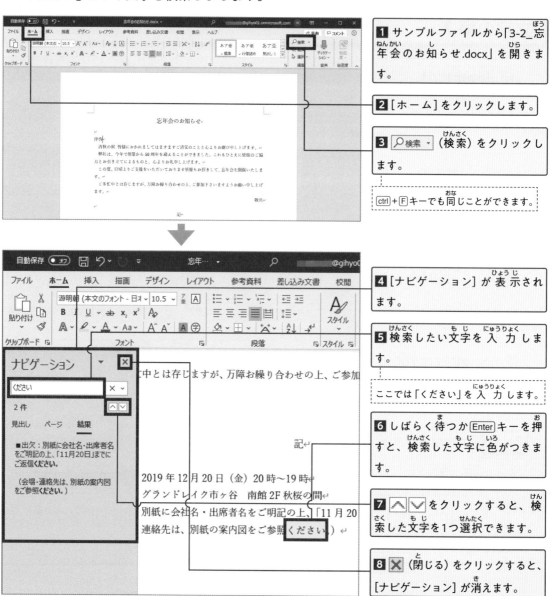

1 サンプルファイルから「3-2_忘年会のお知らせ.docx」を開きます。

2 [ホーム]をクリックします。

3 ○検索 ▾（検索）をクリックします。

Ctrl + F キーでも同じことができます。

4 [ナビゲーション]が表示されます。

5 検索したい文字を入力します。

ここでは「ください」を入力します。

6 しばらく待つか Enter キーを押すと、検索した文字に色がつきます。

7 ∧ ∨ をクリックすると、検索した文字を1つ選択できます。

8 ✕（閉じる）をクリックすると、[ナビゲーション]が消えます。

文字の置換

「ください」という文字を「下さい」に置換しましょう。

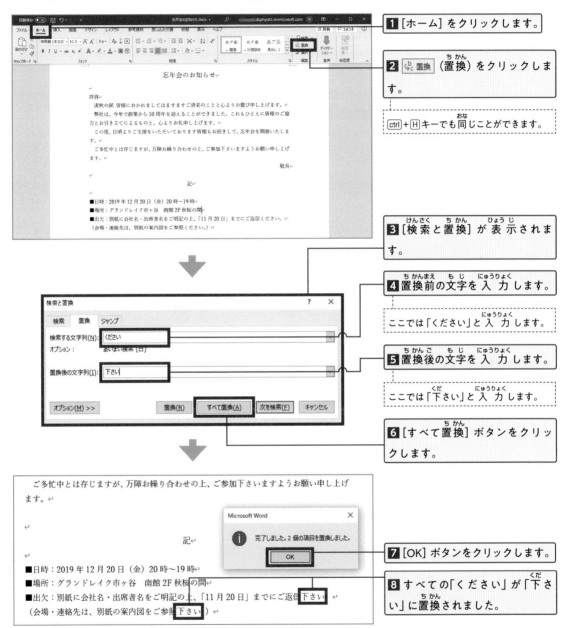

1 [ホーム] をクリックします。

2 [置換] (置換) をクリックします。

Ctrl + H キーでも同じことができます。

3 [検索と置換] が表示されます。

4 置換前の文字を入力します。

ここでは「ください」と入力します。

5 置換後の文字を入力します。

ここでは「下さい」と入力します。

6 [すべて置換] ボタンをクリックします。

7 [OK] ボタンをクリックします。

8 すべての「ください」が「下さい」に置換されました。

> **Point** 文字を選んで置換したいとき
>
> 手順 6 で [すべて置換] をクリックすると、文書内のすべての文字が一度に置換されます。
> 文字を選んで置換したいときは、[次を検索] ボタンで選んで [置換] ボタンをクリックします。

3-2-6 文字のコピーと貼り付け

文字をコピーして、目的の場所に貼り付けることができます。

文字のコピーと貼り付け

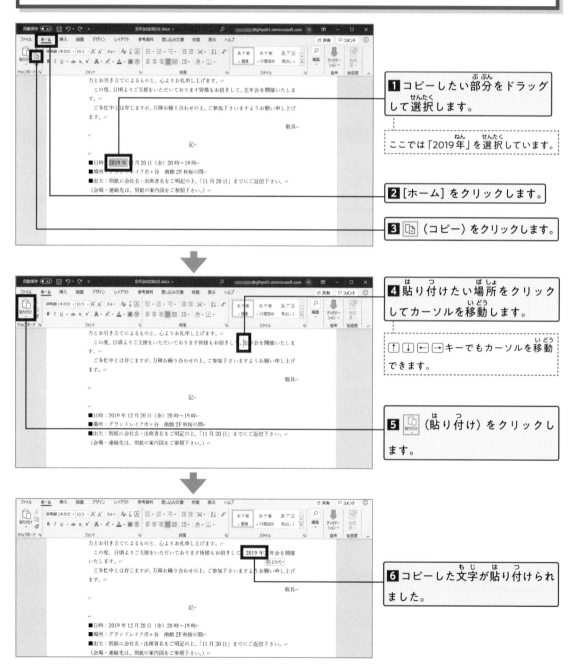

1 コピーしたい部分をドラッグして選択します。

ここでは「2019年」を選択しています。

2 [ホーム] をクリックします。

3 ［□］（コピー）をクリックします。

4 貼り付けたい場所をクリックしてカーソルを移動します。

↑↓←→キーでもカーソルを移動できます。

5 ［□］（貼り付け）をクリックします。

6 コピーした文字が貼り付けられました。

Point 右クリックでコピーや貼り付け

コピーや貼り付けは、リボンのボタン以外に、右クリックして実行する方法があります。

手順 **1** や手順 **4** のところで右クリックすると、右図のメニューが表示されます。

ここで [コピー] や [貼り付け] を選びます。

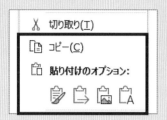

Point ショートカットキーでコピーや貼り付け

ショートカットキーでもコピーや貼り付けをすばやく実行できます。とても便利なので、ぜひ覚えましょう。

コピー	Ctrl + C (Ctrl キーを押しながら C キーを押す)
切り取り	Ctrl + X (Ctrl キーを押しながら X キーを押す)
貼り付け	Ctrl + V (Ctrl キーを押しながら V キーを押す)

Point [貼り付け] の形式

[貼り付け] ボタンを押したあと、 (Ctrl) が表示されています。ここをクリックすると [貼り付けのオプション] が表示され、「貼り付けの形式」を選ぶことができます (右図)。

手順 **5** のときに、[貼り付け] ボタンの下側の [▼] をクリックしても [貼り付けのオプション] が表示されます (右下図)。

また、「コピー」したあとに右クリックしても、[貼り付けのオプション] が表示されます。

それぞれの意味は次のようになります。書式とは文字の色や大きさのことです。詳細は3-3で学びます。

❶ 元の書式を保持
❷ 書式を結合
❸ 図
❹ テキストのみ保持

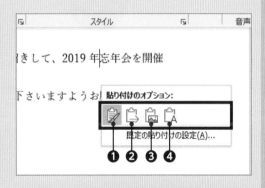

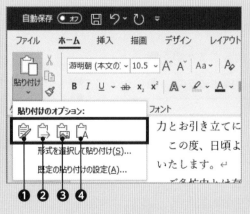

練習問題

課題 1 文字を入力してみましょう。文字は、「ひらがな」「漢字」「カタカナ」で、好きな地名を入力してみましょう。

[例]

盛岡　仙台　秋田　山形　福島

宇都宮　新宿　横浜　金沢　長野　静岡

名古屋　京都　大阪　神戸　奈良　広島

山口　高松　福岡　佐賀　長崎　那覇

課題 2 サンプルファイルから「3-2_課題2.docx」を開いて、文書を置換してみましょう。

⬇ サンプル　3-2_課題2.docx

[1]
検索する文字：、
置換する文字：,

[2]
検索する文字：。
置換する文字：.

[3]
検索する文字：■
置換する文字：●

完成例

忘年会のお知らせ↵

↵

拝啓↵

　清秋の候 皆様におかれましてはますますご清栄のことと心よりお慶び申し上げます. ↵

　弊社は、今年で創業から50周年を迎えることができました. これもひとえに皆様のご協力とお引き立てによるものと, 心よりお礼申し上げます. ↵

　この度, 日頃よりご支援をいただいております皆様もお招きして, 忘年会を開催いたします. ↵

　ご多忙中とは存じますが, 万障お繰り合わせの上, ご参加下さいますようお願い申し上げます. ↵

敬具↵

↵

記↵

↵

●日時：2019 年 12 月 20 日（金）20 時～19 時↵

●場所：グランドレイク市ヶ谷　南館 2F 秋桜の間↵

●出欠：別紙に会社名・出席者名をご明記の上、「11 月 20 日」までにご返信下さい. ↵

（会場・連絡先は, 別紙の案内図をご参照下さい.）↵

⬇ 完成例　3-2_課題2_完成例.docx

3-3 書式設定

文字の大きさや色、行の位置や間隔など、見た目に関する設定を書式といいます。ここでは、文字の書式と段落の書式について学びます。

学ぶこと

→ 3-3-1 文字の書式　→ 3-3-2 段落の書式　→ 3-3-3 書式のコピーとクリア
→ 3-3-4 箇条書きと段落番号の設定　→ 3-3-5 段組み
→ 3-3-6 ヘッダーとフッターの設定

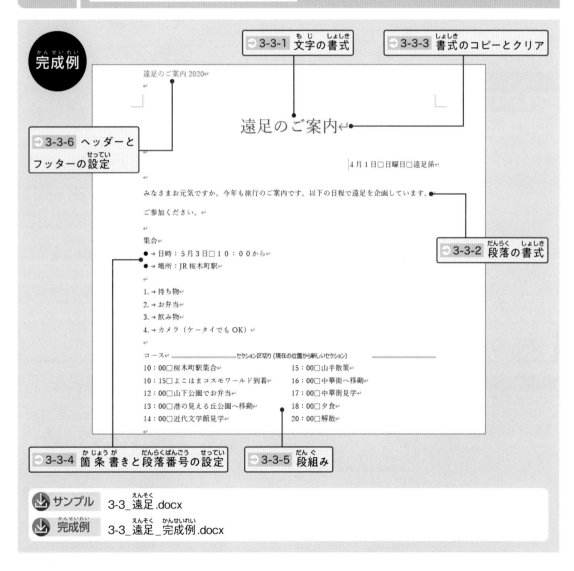

完成例

→ 3-3-1 文字の書式

→ 3-3-3 書式のコピーとクリア

→ 3-3-6 ヘッダーとフッターの設定

遠足のご案内 2020

遠足のご案内

4月1日□日曜日□遠足係

みなさまお元気ですか。今年も旅行のご案内です。以下の日程で遠足を企画しています。

ご参加ください。

集合
● → 日時：5月3日□10：00から
● → 場所：JR桜木町駅

1. → 持ち物
2. → お弁当
3. → 飲み物
4. → カメラ（ケータイでも OK）

→ 3-3-2 段落の書式

コース━━━━━━━━━━セクション区切り(現在の位置から新しいセクション)━━━━━━━━━━
10：00□桜木町駅集合　　　　15：00□山手散策
10：15□よこはまコスモワールド到着　16：00□中華街へ移動
12：00□山下公園でお弁当　　17：00□中華街見学
13：00□港の見える丘公園へ移動　18：00□夕食
14：00□近代文学館見学　　　20：00□解散

→ 3-3-4 箇条書きと段落番号の設定

→ 3-3-5 段組み

⬇ サンプル　3-3_遠足.docx

⬇ 完成例　3-3_遠足_完成例.docx

3-3-1 文字の書式

文字の種類や大きさ、太さ、色などを変えるときは、[ホーム] タブの [フォント] グループで行います。

文字の大きさを変える

⬇️ サンプル 3-3_遠足.docx

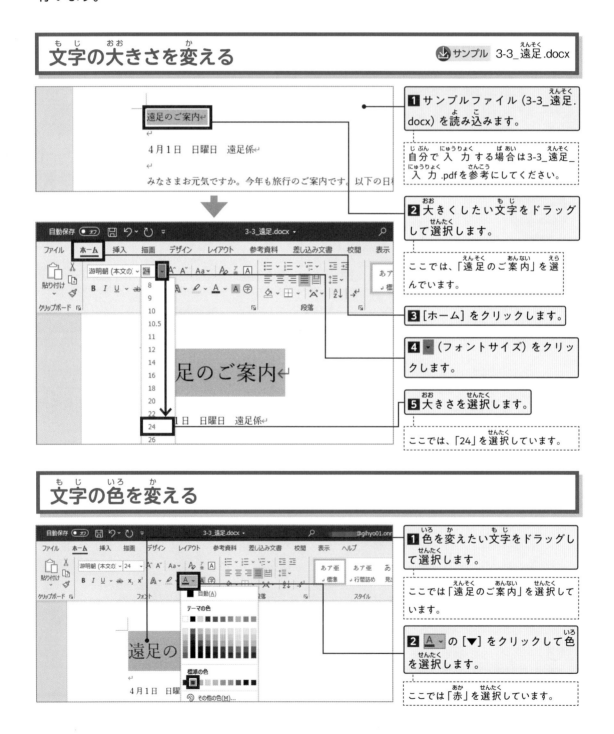

1 サンプルファイル (3-3_遠足.docx) を読み込みます。

自分で入力する場合は3-3_遠足_入力.pdfを参考にしてください。

2 大きくしたい文字をドラッグして選択します。

ここでは、「遠足のご案内」を選んでいます。

3 [ホーム] をクリックします。

4 ▼ (フォントサイズ) をクリックします。

5 大きさを選択します。

ここでは、「24」を選択しています。

文字の色を変える

1 色を変えたい文字をドラッグして選択します。

ここでは「遠足のご案内」を選択しています。

2 A ▼ の [▼] をクリックして色を選択します。

ここでは「赤」を選択しています。

◆ フォントの設定でできること

［ホーム］タブの［フォント］グループでは文字を大きくする以外にも、さまざまなことができます。何ができるのかを見てみましょう。

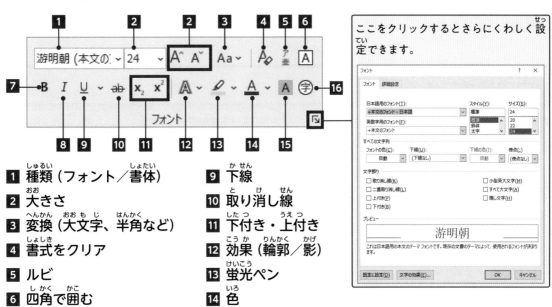

1 種類（フォント／書体）
2 大きさ
3 変換（大文字、半角など）
4 書式をクリア
5 ルビ
6 四角で囲む
7 太字
8 斜体
9 下線
10 取り消し線
11 下付き・上付き
12 効果（輪郭／影）
13 蛍光ペン
14 色
15 網かけ
16 丸で囲む

Point ルーラーの表示

ルーラーとは横の文字数や行数がわかる物差しです。横を水平ルーラー、縦を垂直ルーラーと呼びます。水平ルーラーには△や□マークがあり、行や段落を選んで動かすことで、手軽にインデント（字下げ）できます（87ページのPoint「ルーラーを使った字下げ」参照）。ルーラーを表示するには、［表示］タブをクリックし、［ルーラー］にチェックを付けます。

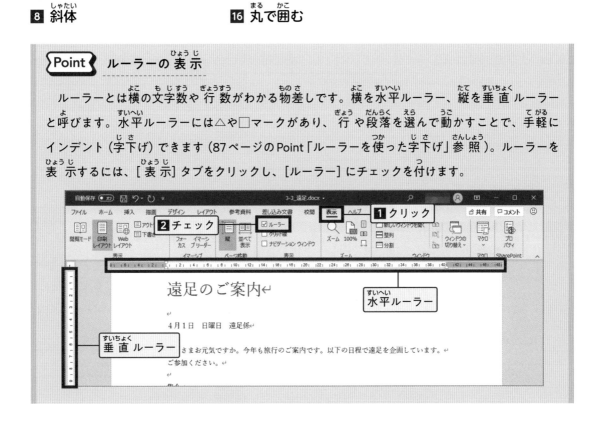

3-3-2 段落の書式

[ホーム] タブの [段落] グループでは、字下げを行ったり、行間を開けたりといった、段落の書式を設定できます。

中央揃えにする

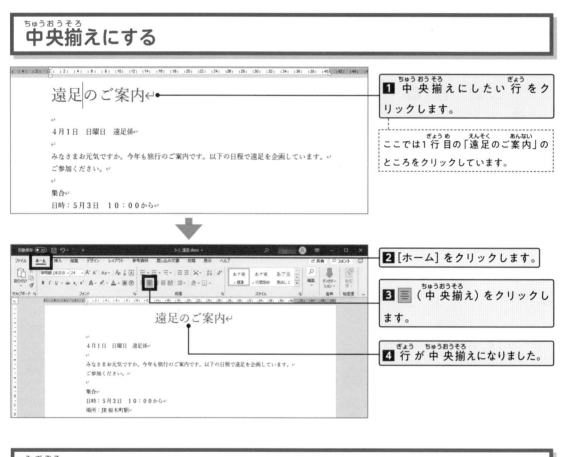

1 中央揃えにしたい行をクリックします。

ここでは1行目の「遠足のご案内」のところをクリックしています。

2 [ホーム] をクリックします。

3 ≡ (中央揃え) をクリックします。

4 行が中央揃えになりました。

右揃えにする

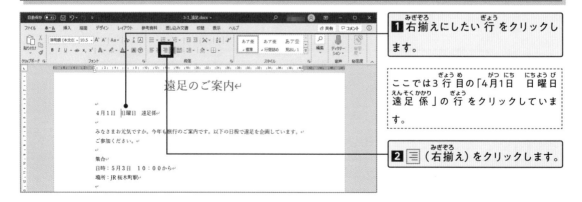

1 右揃えにしたい行をクリックします。

ここでは3行目の「4月1日　日曜日　遠足係」の行をクリックしています。

2 ≡ (右揃え) をクリックします。

3 行が右揃えになりました。

行間を変える

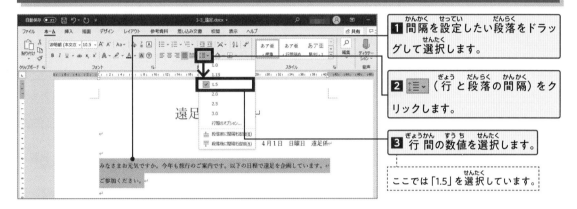

1 間隔を設定したい段落をドラッグして選択します。

2 🔽（行と段落の間隔）をクリックします。

3 行間の数値を選択します。

ここでは「1.5」を選択しています。

◆ 段落の設定でできること

[ホーム] タブの [段落] グループにはいろいろな設定が用意されています。

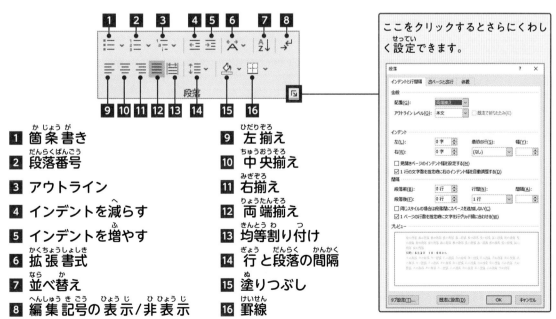

ここをクリックするとさらにくわしく設定できます。

1 箇条書き
2 段落番号
3 アウトライン
4 インデントを減らす
5 インデントを増やす
6 拡張書式
7 並べ替え
8 編集記号の表示/非表示

9 左揃え
10 中央揃え
11 右揃え
12 両端揃え
13 均等割り付け
14 行と段落の間隔
15 塗りつぶし
16 罫線

3-3-3 書式のコピーとクリア

これまで学習したフォントや段落の設定をコピーして別の文字に適用したり、クリアする方法を学びます。

書式のコピー

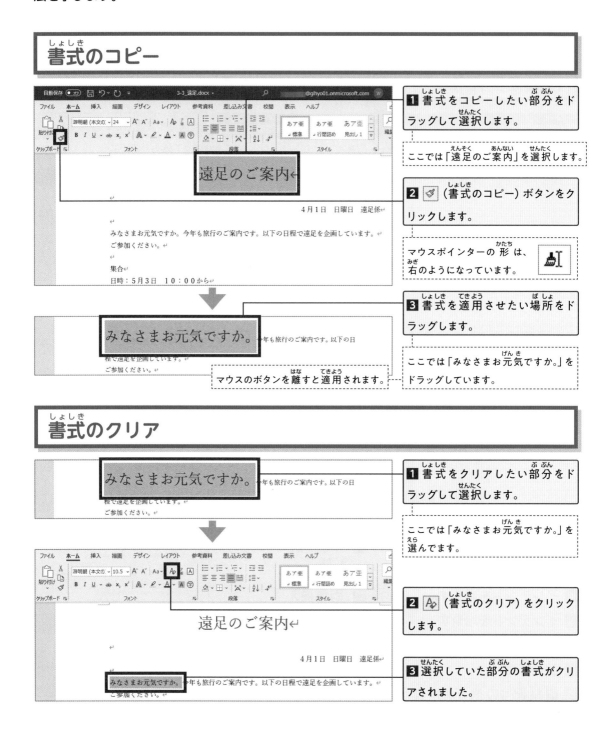

1 書式をコピーしたい部分をドラッグして選択します。

ここでは「遠足のご案内」を選択します。

2 🖌 (書式のコピー) ボタンをクリックします。

マウスポインターの形は、右のようになっています。

3 書式を適用させたい場所をドラッグします。

ここでは「みなさまお元気ですか。」をドラッグしています。

マウスのボタンを離すと適用されます。

書式のクリア

1 書式をクリアしたい部分をドラッグして選択します。

ここでは「みなさまお元気ですか。」を選んでます。

2 🗛 (書式のクリア) をクリックします。

3 選択していた部分の書式がクリアされました。

Point ルーラーを使った字下げ

行や段落はルーラーを使って字下げすることができます。

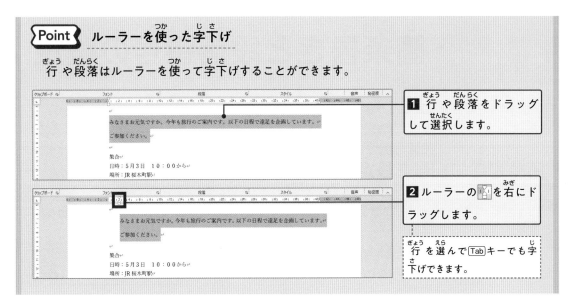

1 行や段落をドラッグして選択します。

2 ルーラーの を右にドラッグします。

行を選んで Tab キーでも字下げできます。

Point 設定を元に戻したいとき

いろいろ試しながら間隔を設定したいときは、[元に戻す] ボタンを活用すると便利です。[元に戻す] をクリックすると1つ作業が戻ります。ショートカットキー Ctrl + Z キーを押しても、同様に戻ります。

[元に戻す] をクリックすると、1つ前の状態に戻りますが、もっと前の状態に戻りたいときは [▼] をクリックします。以前の作業がリスト表示されるので、戻りたい項目を選びます。

[元に戻す]

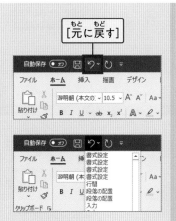

Point 編集記号の表示／非表示

Wordで文書を編集しているとき、空白を示す記号は標準では表示されません。空白を示す記号を表示させるには、 (編集記号の表示／非表示)をクリックします。

1 [編集記号の表示／非表示] ボタンをクリックします。

2 空白マークが表示されます。

3-3-4 箇条書きと段落番号の設定

行頭に記号や番号を設定してみましょう。

箇条書きに記号を設定

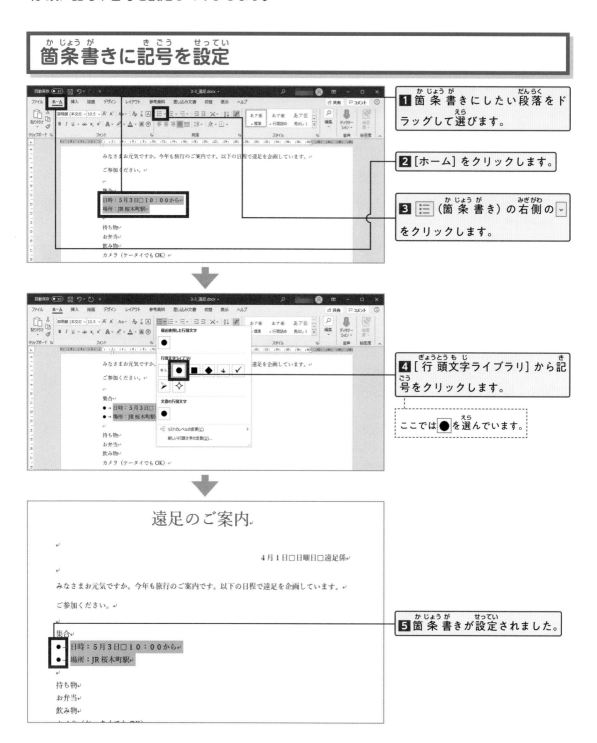

1 箇条書きにしたい段落をドラッグして選びます。

2 [ホーム] をクリックします。

3 ≡ (箇条書き) の右側の ∨ をクリックします。

4 [行頭文字ライブラリ] から記号をクリックします。

ここでは ● を選んでいます。

5 箇条書きが設定されました。

段落番号を設定

1 番号をつけたい段落をドラッグして選びます。

2 ≡ (段落番号) の右側の ✓ をクリックします。

3 [番号ライブラリ] から番号をクリックします。

ここでは ≡ を選んでいます。

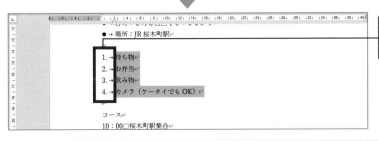

4 行の初めに番号が入力されました。

> **Point** 用紙の大きさや向きの変更

Wordでは、作業中の文書の用紙の大きさや向きを変更できます。[レイアウト] タブをクリックして、[ページ設定] グループの [サイズ] で用紙、[印刷の向き] で用紙の向きを設定できます。

●用紙の大きさの変更

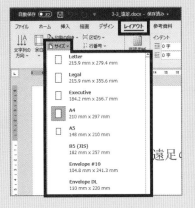

●用紙の向きの変更

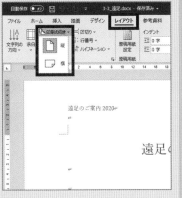

89

3-3-5 段組み

文書を読みやすくする方法のひとつとして段組みがあります。段組みでは、行を複数の列にして見せることができます。

指定した範囲を段組みに設定

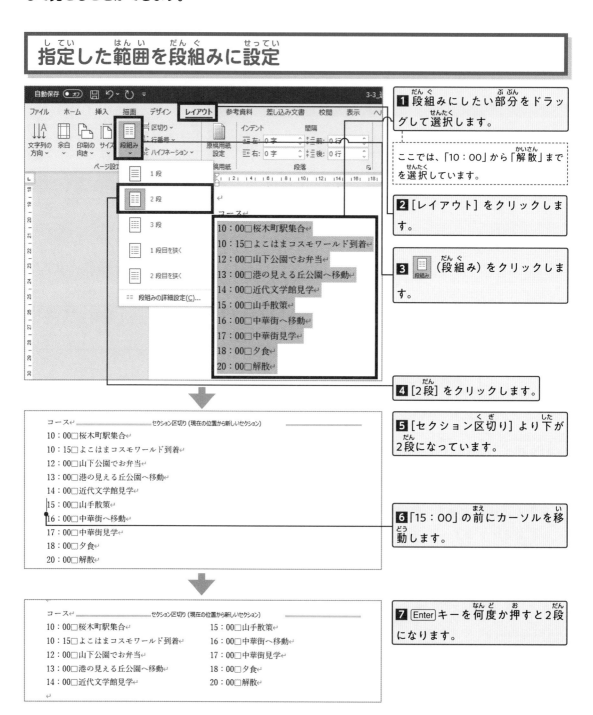

1 段組みにしたい部分をドラッグして選択します。

ここでは、「10：00」から「解散」までを選択しています。

2 [レイアウト]をクリックします。

3 （段組み）をクリックします。

4 [2段]をクリックします。

5 [セクション区切り]より下が2段になっています。

6 「15：00」の前にカーソルを移動します。

7 Enter キーを何度か押すと2段になります。

Point 段組みの詳細設定

左の手順 **3** の [段組み] ボタンをクリックしたあと、 ≡≡ 段組みの詳細設定(C)... （段組みの詳細設定）をクリックすると、下のようなダイアログが表示され、段組みの詳細設定ができます。ここでは段の幅や間隔、境界線などが設定できます。

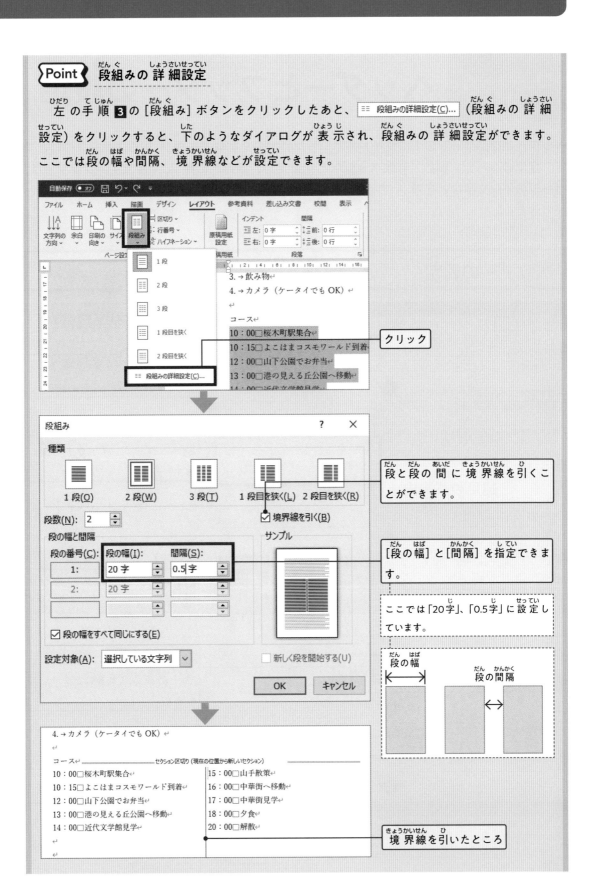

クリック

段と段の間に境界線を引くことができます。

[段の幅]と[間隔]を指定できます。

ここでは「20字」、「0.5字」に設定しています。

段の幅　段の間隔

境界線を引いたところ

3-3-6 ヘッダーとフッターの設定

ヘッダーとは、ページの上にタイトルといった特定の文字などを挿入するスペースのことです。全部のページ、偶数・奇数ページなどを指定し、規則的に挿入できます。フッターは、ページの下に文字などを挿入するスペースです。ページ番号や総ページ数などを入れることができます。

ヘッダーの設定

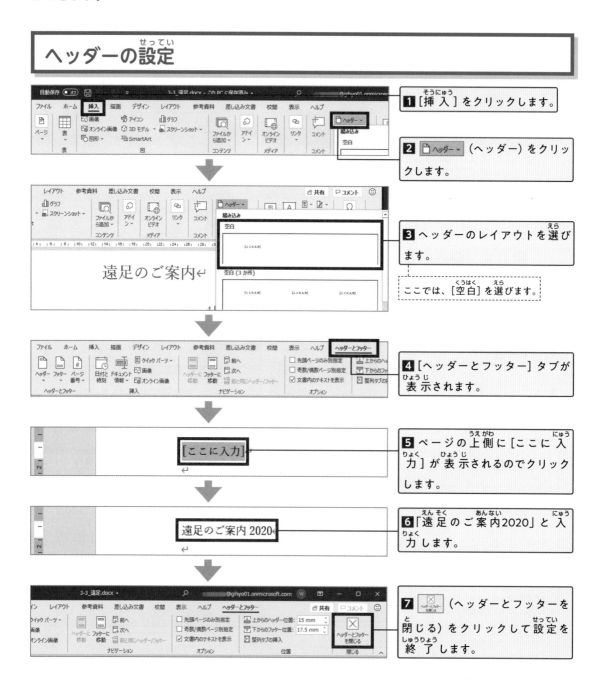

1 [挿入]をクリックします。

2 [ヘッダー] (ヘッダー) をクリックします。

3 ヘッダーのレイアウトを選びます。

ここでは、[空白]を選びます。

4 [ヘッダーとフッター] タブが表示されます。

5 ページの上側に [ここに入力] が表示されるのでクリックします。

6 「遠足のご案内2020」と入力します。

7 [×] (ヘッダーとフッターを閉じる) をクリックして設定を終了します。

フッターの設定

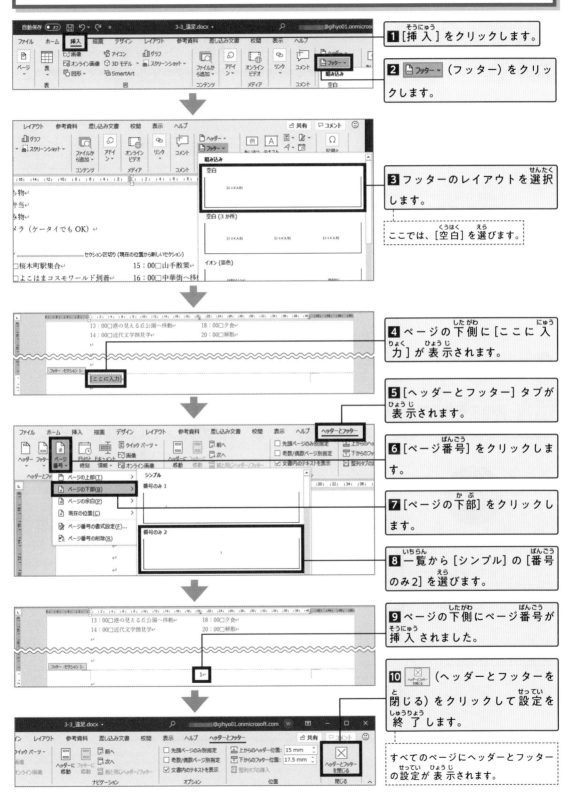

1 [挿入]をクリックします。

2 フッター▼（フッター）をクリックします。

3 フッターのレイアウトを選択します。

ここでは、[空白]を選びます。

4 ページの下側に[ここに入力]が表示されます。

5 [ヘッダーとフッター]タブが表示されます。

6 [ページ番号]をクリックします。

7 [ページの下部]をクリックします。

8 一覧から[シンプル]の[番号のみ2]を選びます。

9 ページの下側にページ番号が挿入されました。

10 ⊠（ヘッダーとフッターを閉じる）をクリックして設定を終了します。

すべてのページにヘッダーとフッターの設定が表示されます。

練習問題

課題 1 次の文書を作成しましょう。自分で入力する場合は、3-3_課題1_入力.pdfを参考にしてください。入力を省きたいときは、サンプルファイルを開いてください。

⬇ サンプル　3-3_課題1.docx

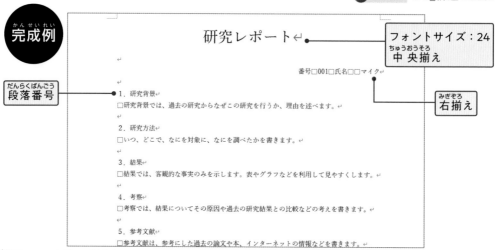

⬇ **完成例**　3-3_課題1_完成例.docx

課題 2 次の文書を作成しましょう。自分で入力する場合は、3-3_課題2_入力.pdfを参考にしてください。入力を省きたいときは、サンプルファイルを開いてください。

⬇ サンプル　3-3_課題2.docx

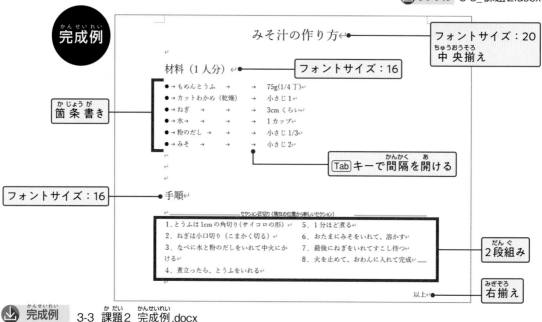

⬇ **完成例**　3-3_課題2_完成例.docx

3-4 表の作成

表の作成方法やデザイン、Excel との連携について学びます。

学ぶこと
- → 3-4-1 表の作成
- → 3-4-2 表の操作
- → 3-4-3 表のデザイン
- → 3-4-4 Excel との連携

完成例

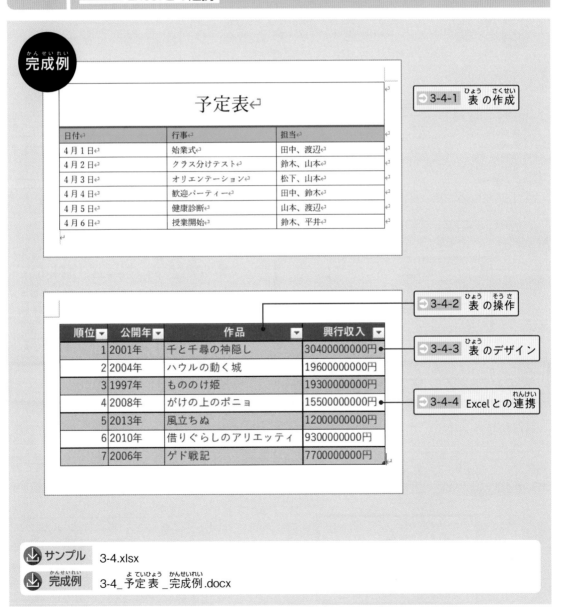

→ 3-4-1 表の作成

→ 3-4-2 表の操作

→ 3-4-3 表のデザイン

→ 3-4-4 Excel との連携

サンプル 3-4.xlsx

完成例 3-4_予定表_完成例.docx

3-4-1 表の作成

表の作成方法はいくつかのやり方があります。先に表を挿入してから、文字を入力する方法と、先に文字を入力してから表を作成する方法を学びます。

表の作成1：文字をあとで入力

1 [挿入]をクリックします。

2 ⊞（表の追加）をクリックします。

3 7行、3列のところでクリックします。

4 7行、3列の表が作成できます。

5 表に文字を入力します。

日付	行事	担当
4月1日	始業式	田中、渡辺
4月2日	クラス分けテスト	鈴木、山本
4月3日	オリエンテーション	松下、山本
4月4日	歓迎パーティー	田中、鈴木
4月5日	健康診断	山本、渡辺
4月6日	授業開始	鈴木、平井

表の作成2：文字を先に入力

あらかじめ入力してある文字を表にすることもできます。

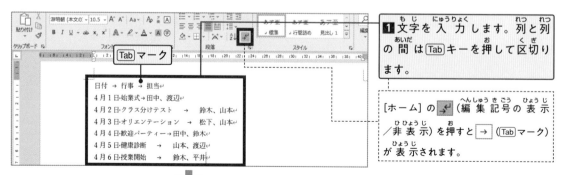

1 文字を入力します。列と列の間は Tab キーを押して区切ります。

[ホーム]の ↵（編集記号の表示／非表示）を押すと → （ Tab マーク）が表示されます。

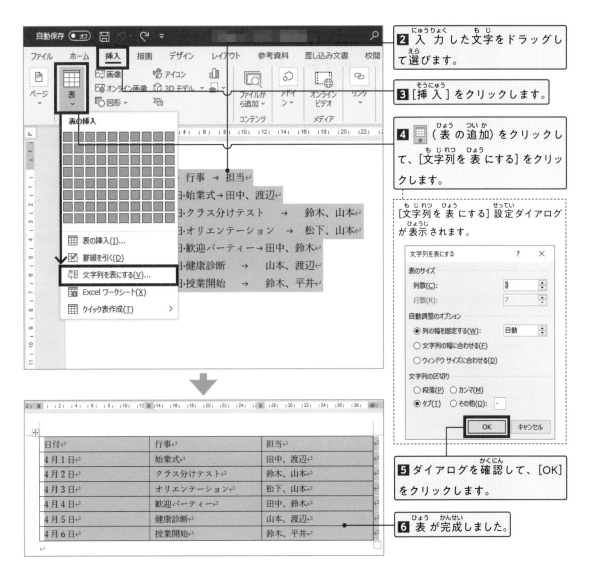

2 入力した文字をドラッグして選びます。

3 [挿入]をクリックします。

4 🎹（表の追加）をクリックして、[文字列を表にする]をクリックします。

[文字列を表にする]設定ダイアログが表示されます。

5 ダイアログを確認して、[OK]をクリックします。

6 表が完成しました。

> **Point** 表の移動やサイズの変更方法

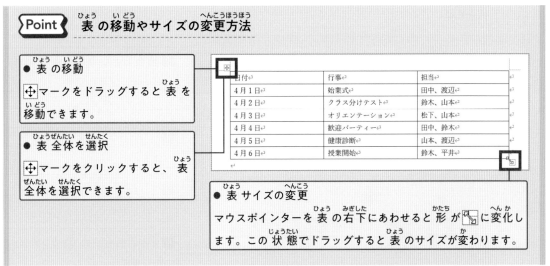

● 表の移動

🔀マークをドラッグすると表を移動できます。

● 表全体を選択

🔀マークをクリックすると、表全体を選択できます。

● 表サイズの変更

マウスポインターを表の右下にあわせると形が🔽に変化します。この状態でドラッグすると表のサイズが変わります。

3-4-2 表の操作

表をクリックすると、[レイアウト] と [テーブルデザイン] の２つのタブがリボンに表示されます。[レイアウト] タブでは行や列の追加、セルの結合、削除、文字の配置などの操作が行えます。

行の追加

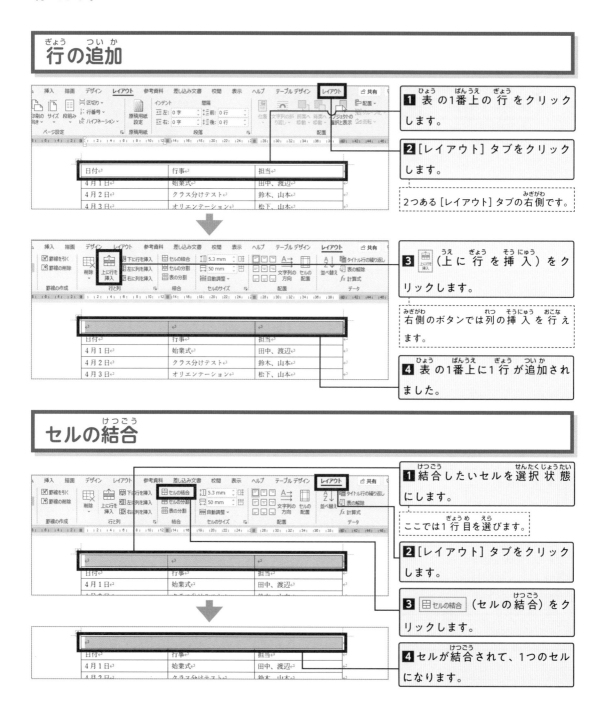

1 表の1番上の行をクリックします。

2 [レイアウト] タブをクリックします。

2つある [レイアウト] タブの右側です。

3 （上に行を挿入）をクリックします。

右側のボタンでは列の挿入を行えます。

4 表の1番上に1行が追加されました。

セルの結合

1 結合したいセルを選択状態にします。

ここでは1行目を選びます。

2 [レイアウト] タブをクリックします。

3 セルの結合 （セルの結合）をクリックします。

4 セルが結合されて、1つのセルになります。

文字の配置と大きさを変える

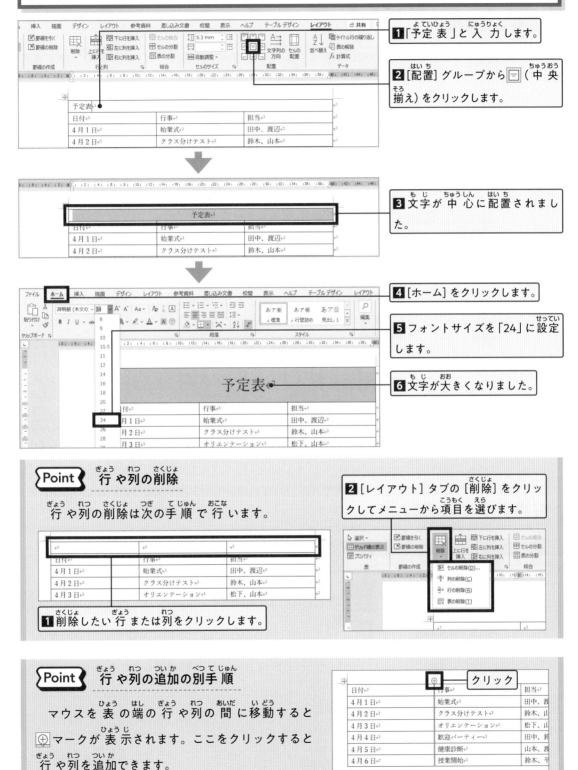

1 「予定表」と入力します。

2 [配置]グループから（中央揃え）をクリックします。

3 文字が中心に配置されました。

4 [ホーム]をクリックします。

5 フォントサイズを「24」に設定します。

6 文字が大きくなりました。

Point　行や列の削除

行や列の削除は次の手順で行います。

1 削除したい行または列をクリックします。

2 [レイアウト]タブの[削除]をクリックしてメニューから項目を選びます。

Point　行や列の追加の別手順

マウスを表の端の行や列の間に移動すると ⊕ マークが表示されます。ここをクリックすると行や列を追加できます。

3-4-3 表のデザイン

[テーブルデザイン] タブでは、セルの塗りつぶしやスタイルの変更などのデザインができます。

セルの塗りつぶし

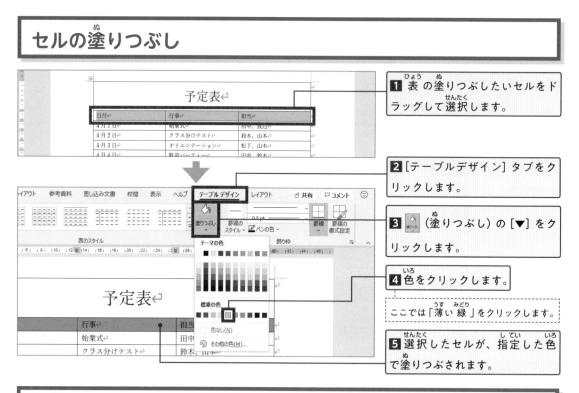

1 表の塗りつぶしたいセルをドラッグして選択します。

2 [テーブルデザイン] タブをクリックします。

3 ◇（塗りつぶし）の [▼] をクリックします。

4 色をクリックします。

ここでは「薄い緑」をクリックします。

5 選択したセルが、指定した色で塗りつぶされます。

罫線スタイルの設定

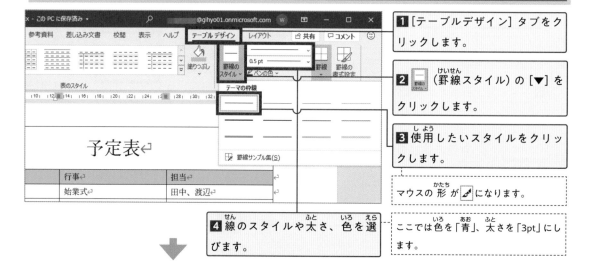

1 [テーブルデザイン] タブをクリックします。

2 （罫線スタイル）の [▼] をクリックします。

3 使用したいスタイルをクリックします。

マウスの形が ✎ になります。

4 線のスタイルや太さ、色を選びます。

ここでは色を「青」、太さを「3pt」にします。

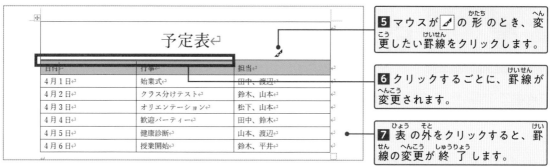

5 マウスが 🖊 の形のとき、変更したい罫線をクリックします。

6 クリックするごとに、罫線が変更されます。

7 表の外をクリックすると、罫線の変更が終了します。

> **Point** 表のスタイルを変える

［テーブルデザイン］タブの［表のスタイル］には見た目を変えるいろいろなデザインが用意されています。

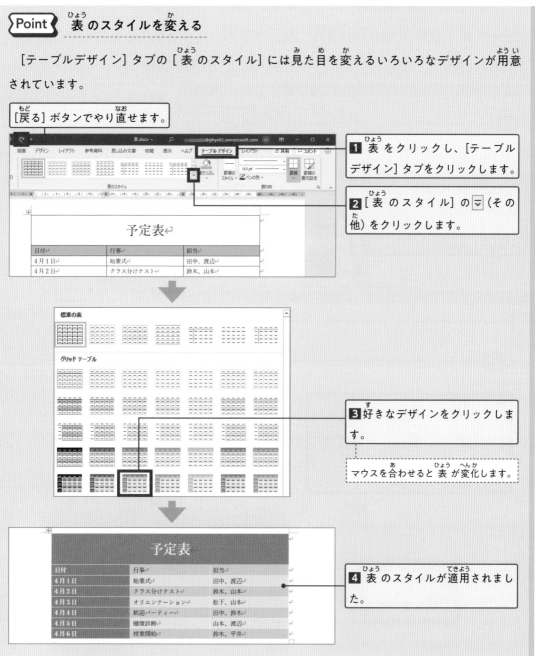

［戻る］ボタンでやり直せます。

1 表をクリックし、［テーブルデザイン］タブをクリックします。

2 ［表のスタイル］の ▽（その他）をクリックします。

3 好きなデザインをクリックします。

マウスを合わせると表が変化します。

4 表のスタイルが適用されました。

3-4-4 Excelとの連携

Excelで作成した表をWordに貼り付けることができます。

Excelの表を貼り付ける1

Excelの表をWordに貼り付ける際、Excelのデータとリンクするかどうかを選べます。WordとExcelのデータがリンクする場合の貼り付けをやってみます。

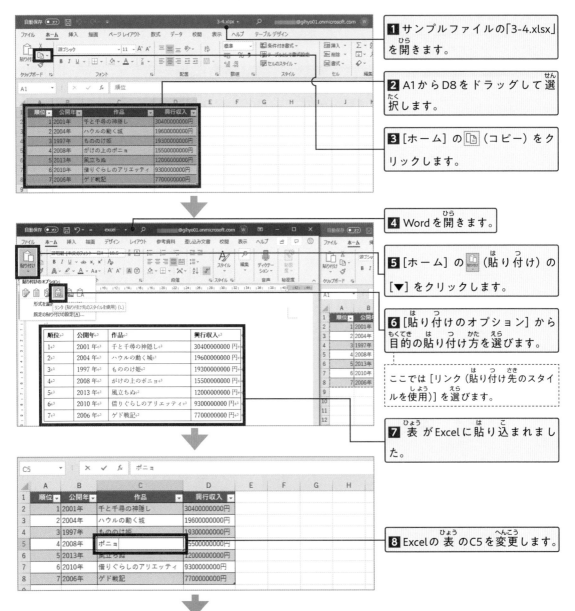

1 サンプルファイルの「3-4.xlsx」を開きます。

2 A1からD8をドラッグして選択します。

3 [ホーム]の（コピー）をクリックします。

4 Wordを開きます。

5 [ホーム]の（貼り付け）の[▼]をクリックします。

6 [貼り付けのオプション]から目的の貼り付け方を選びます。

ここでは[リンク（貼り付け先のスタイルを使用）]を選びます。

7 表がExcelに貼り込まれました。

8 Excelの表のC5を変更します。

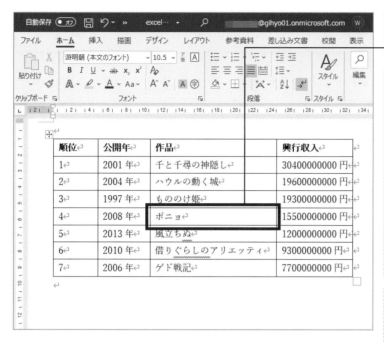

順位	公開年	作品	興行収入
1	2001 年	千と千尋の神隠し	30400000000 円
2	2004 年	ハウルの動く城	19600000000 円
3	1997 年	もののけ姫	19300000000 円
4	2008 年	ポニョ	15500000000 円
5	2013 年	風立ちぬ	12000000000 円
6	2010 年	借りぐらしのアリエッティ	9300000000 円
7	2006 年	ゲド戦記	7700000000 円

9 Word も連動して変更されました。

もし、自動で変更されない場合は、Word の表を右クリックして [リンク先の更新] を選びます。

リンクされているため、Word の表を変更しても、元の Excel の表の内容に戻ります。

> **Point** 貼り付けのオプション

　Excel の表を Word に貼り付ける際、[貼り付けのオプション] にはいくつかの種類がありました。それぞれ次のような機能があります。

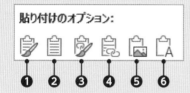

❶ **元の書式を保持**
貼り付ける際、Excel の書式設定が反映されます。

❷ **貼り付け先のスタイルを使用**
貼り付ける際、Excel の書式設定が反映されません。

❸ **リンク (元の書式を保持)**
❶ に加え、Excel で元の表データを変更すると Word にも反映されます。(※注意)

❹ **リンク (貼り付け先のスタイルを使用)**
❷ に加え、Excel で元の表データの変更すると Word にも反映されます。(※注意)

❺ **図**
画像として貼り付けられます。

❻ **テキストのみの保持**
列の間がタブで区切られたテキストで貼り付けられます。

(※注意) リンクは Word と Excel が両方とも開いているときに限ります。

Excelの表を貼り付ける2

　Wordの中の表をExcel自体にすることもできます。表を編集するときに、Wordの一部がExcelの操作画面になります。

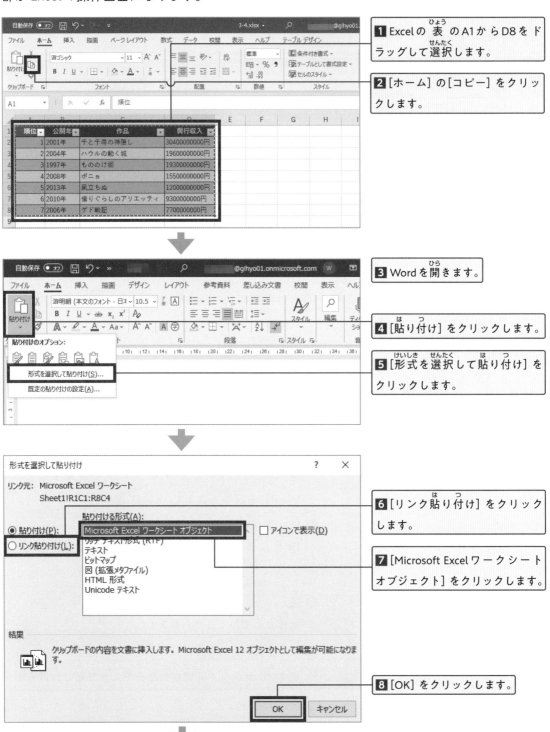

1 Excelの表のA1からD8をドラッグして選択します。

2 [ホーム]の[コピー]をクリックします。

3 Wordを開きます。

4 [貼り付け]をクリックします。

5 [形式を選択して貼り付け]をクリックします。

6 [リンク貼り付け]をクリックします。

7 [Microsoft Excel ワークシートオブジェクト]をクリックします。

8 [OK]をクリックします。

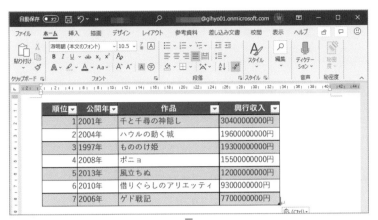

9 貼り付いたところ

10 表のデータを編集しようとすると、画面がExcelになります。

Point リンクの解除

もし、リンクを解除したい場合は、表を右クリックして、[リンクされたWorksheetオブジェクト]-[リンクの設定]を選び、[リンクの設定]ダイアログの[リンクの解除]ボタンをクリックします。

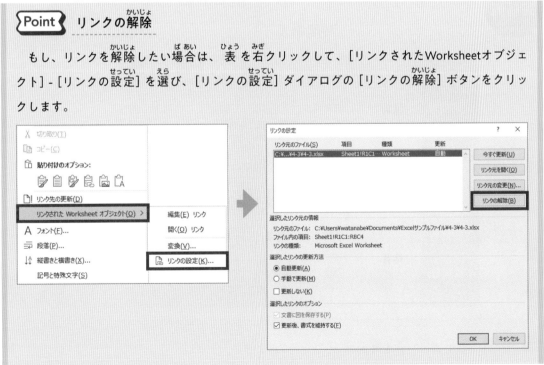

練習問題

課題
1

次の文字を入力して、表を作成してください。

▶入力する文字

時間割表

	月曜日	火曜日	水曜日	木曜日	金曜日
1時間目	国語	理科	特別活動	国語	算数
2時間目	算数	社会		社会	理科
お昼					
3時間目	体育	算数	体育	理科	図工
4時間目		国語	家庭科	算数	

フォント：UDデジタル教科書体NP-B
フォントサイズ：14

配置：中央揃え

表のスタイル：グリッド（表）5濃度
-アクセント2

完成例

時間割表

	月曜日	火曜日	水曜日	木曜日	金曜日
1時間目	国語	理科	特別活動	国語	算数
2時間目	算数	社会		社会	理科
お昼					
3時間目	体育	算数	体育	理科	図工
4時間目		国語	家庭科	算数	

完成例　3-4_課題1_完成例.docx

3-5 グラフィック要素1

要素とは、あるものを形作る部分のことです。文書に含まれる文字のことを「文字要素」、グラフィックのことを「グラフィック要素」といいます。また、文書のなかに、文字や図を追加して入れることを挿入といいます。ここでは、文書に、画像や図、ワードアートなどのグラフィック要素を挿入する方法を学びます。

学ぶこと
- 3-5-1 ワードアートの挿入
- 3-5-2 画像の挿入と配置
- 3-5-3 画像の書式設定
- 3-5-4 スマートアートの挿入

完成例

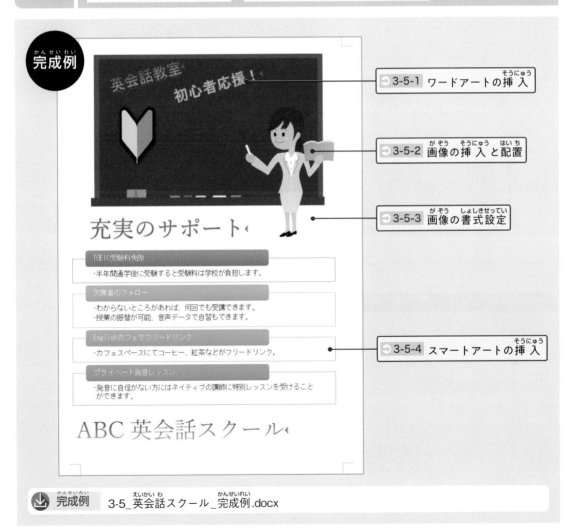

- 3-5-1 ワードアートの挿入
- 3-5-2 画像の挿入と配置
- 3-5-3 画像の書式設定
- 3-5-4 スマートアートの挿入

完成例 3-5_英会話スクール_完成例.docx

3-5-1 ワードアートの挿入

ワードアートを利用して、デザイン文字を作成します。

ワードアート挿入の手順

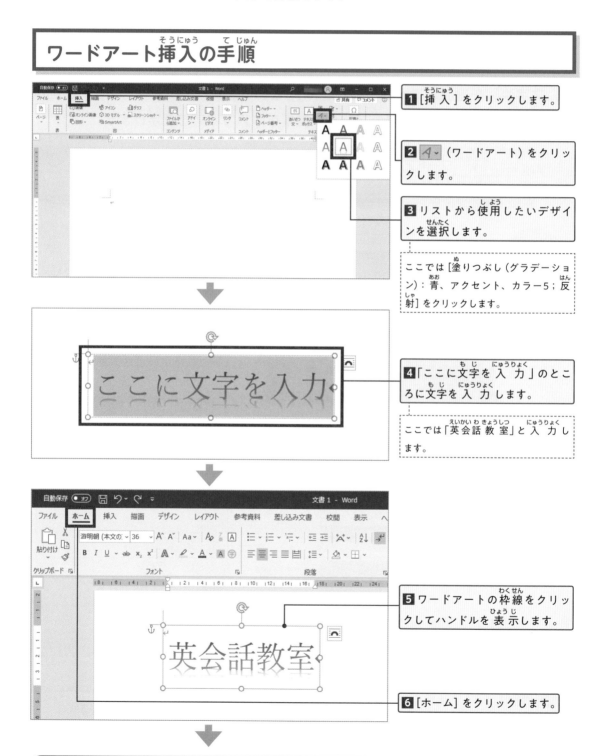

1 [挿入]をクリックします。

2 ワードアート をクリックします。

3 リストから使用したいデザインを選択します。

ここでは[塗りつぶし(グラデーション):青、アクセント、カラー5;反射]をクリックします。

4 「ここに文字を入力」のところに文字を入力します。

ここでは「英会話教室」と入力します。

5 ワードアートの枠線をクリックしてハンドルを表示します。

6 [ホーム]をクリックします。

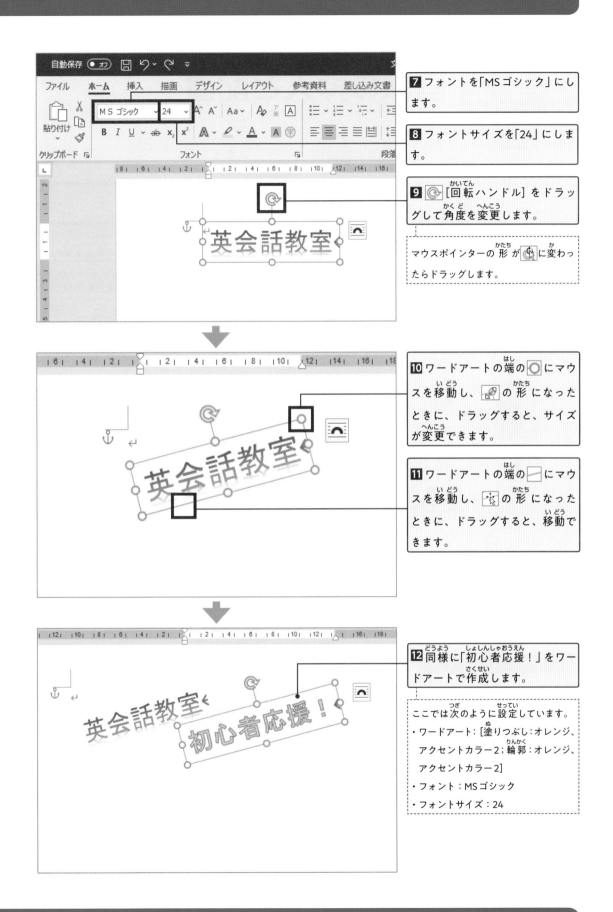

7 フォントを「MSゴシック」にします。

8 フォントサイズを「24」にします。

9 [回転ハンドル] をドラッグして角度を変更します。

マウスポインターの形が ⬙ に変わったらドラッグします。

10 ワードアートの端の ○ にマウスを移動し、↗ の形になったときに、ドラッグすると、サイズが変更できます。

11 ワードアートの端の ─ にマウスを移動し、✥ の形になったときに、ドラッグすると、移動できます。

12 同様に「初心者応援！」をワードアートで作成します。

ここでは次のように設定しています。
- ワードアート：[塗りつぶし：オレンジ、アクセントカラー2；輪郭：オレンジ、アクセントカラー2]
- フォント：MSゴシック
- フォントサイズ：24

3-5-2 画像の挿入と配置

画像を文書に挿入します。

オンライン画像の挿入

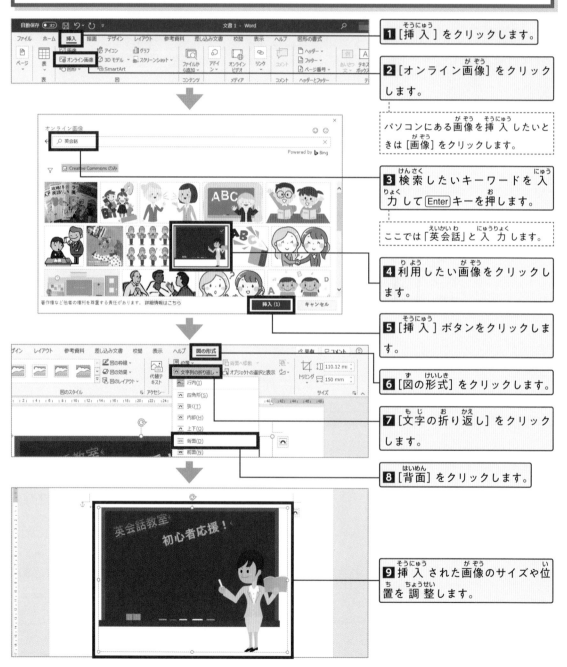

1 [挿入]をクリックします。

2 [オンライン画像]をクリックします。

パソコンにある画像を挿入したいときは[画像]をクリックします。

3 検索したいキーワードを入力して[Enter]キーを押します。

ここでは「英会話」と入力します。

4 利用したい画像をクリックします。

5 [挿入]ボタンをクリックします。

6 [図の形式]をクリックします。

7 [文字の折り返し]をクリックします。

8 [背面]をクリックします。

9 挿入された画像のサイズや位置を調整します。

> **Point** 文字列の折り返し

手順 **7** の［文字列の折り返し］では、画像を挿入する際の配置の方法について細かく指定できます。また、画像の横にある （レイアウトオプション）をクリックしても同様に［文字の折り返し］を指定できます。

❶ 行内：行の中に画像を挿入します。

❷ 四角形：文章中に四角いスペースを作って挿入します。

❸ 狭く：文章中に図形の形にそったスペースを作って挿入します。

❹ 内部：［狭く］と同じですが、スペースが異なります。

❺ 上下：文章を挿入した画像の上と下に分けます。

❻ 背面：文章の背面に画像を配置します。

❼ 前面：文章の前面に画像を配置します。

❽ 折り返し点の編集：折り返し点を利用して、画像の周りにスペースを作ります。

❾ 文字列と一緒に移動する：Enter キーなどを押して改行すると、文章と一緒に移動します。

❿ ページ上で位置を固定する：ページ上での位置が固定されます。

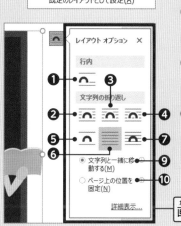

画像の横にある［レイアウトオプション］をクリックしたところ

> **Point** オンライン画像の利用について

どのオンライン画像にも著作権が存在します。そのため利用するには著作者の許諾が必要です。

しかし、クリエイティブコモンズでは、著作権の権利者が、あらかじめ利用を許可する意思表示をしています。

オンライン画像を検索したときに、「これらの結果はクリエイティブコモンズライセンスのタグ付きです。ライセンスをよく読み、準拠していることを確認してください。」と表示されることがあります。

クリエイティブコモンズでは、ライセンスの条件を守れば文書に、写真やイラストを利用することができます。

3-5-3 画像の書式設定

画像をクリックすると、[図の形式] タブが表示されます。[図の形式] タブでは挿入した画像のサイズや色合いなどを調整できます。

サイズの変更

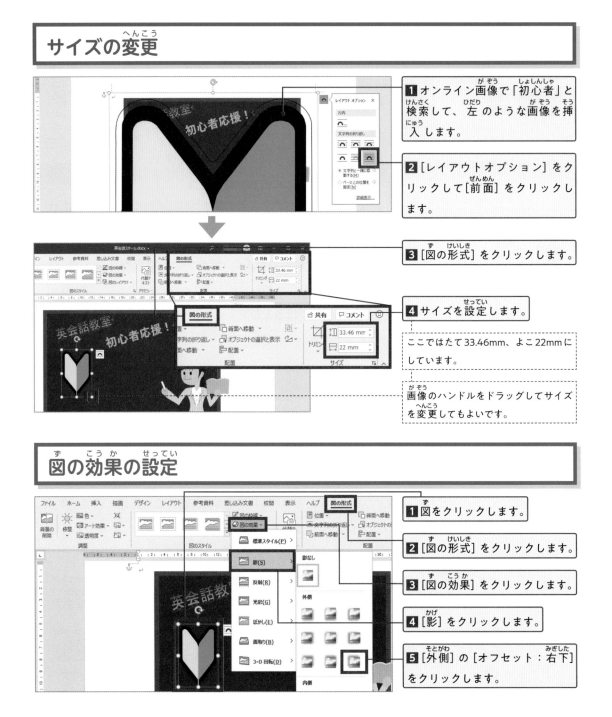

1 オンライン画像で「初心者」と検索して、左のような画像を挿入します。

2 [レイアウトオプション] をクリックして [前面] をクリックします。

3 [図の形式] をクリックします。

4 サイズを設定します。

ここではたて 33.46mm、よこ 22mm にしています。

画像のハンドルをドラッグしてサイズを変更してもよいです。

図の効果の設定

1 図をクリックします。

2 [図の形式] をクリックします。

3 [図の効果] をクリックします。

4 [影] をクリックします。

5 [外側] の [オフセット:右下] をクリックします。

Point [図の形式] でできる画像調整

　[図の形式] タブの [調整] と [図のスタイル] ではサイズを変えたり、影をつける以外にもさまざまな画像の調整を行えます。

修整　色　アート効果　図のスタイル

調整　　　　　図のスタイル

●[修整]
　明るさやコントラストを変えられます。

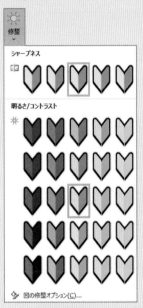

●[色]
　色の彩度やトーンを変えられます。

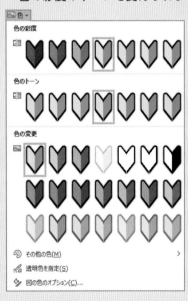

●[アート効果]
　手書き風、モノクロなどのアート効果をつけられます。

●[図のスタイル]
　スタイル一覧から好みのスタイル効果を選びます。

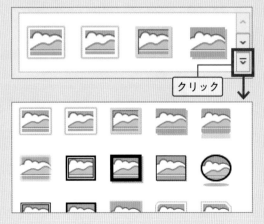

クリック

3-5-4 スマートアートの挿入

スマートアートを使うと見やすい文書になります。

スマートアートの挿入

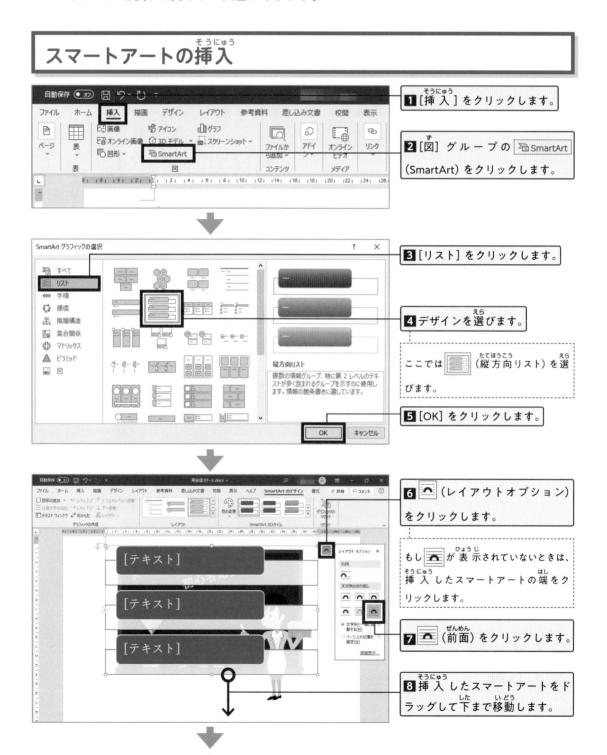

1 [挿入] をクリックします。

2 [図] グループの SmartArt（SmartArt）をクリックします。

3 [リスト] をクリックします。

4 デザインを選びます。

ここでは（縦方向リスト）を選びます。

5 [OK] をクリックします。

6 （レイアウトオプション）をクリックします。

もし が表示されていないときは、挿入したスマートアートの端をクリックします。

7 （前面）をクリックします。

8 挿入したスマートアートをドラッグして下まで移動します。

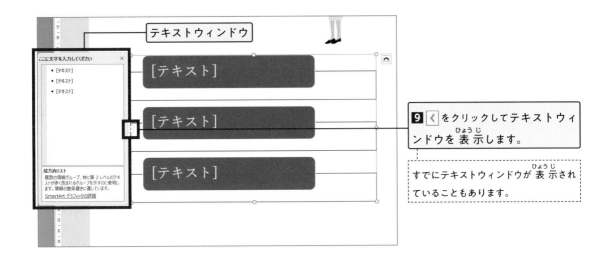

9 ＜ をクリックしてテキストウィンドウを表示します。

すでにテキストウィンドウが表示されていることもあります。

スマートアートに文字を入力

　次の文字を入力します。Enterキーで次の行、Tabキーで文が右側に寄ります（レベル下げ）。レベルを元に戻す場合は、Shift + Tabキーを押します。

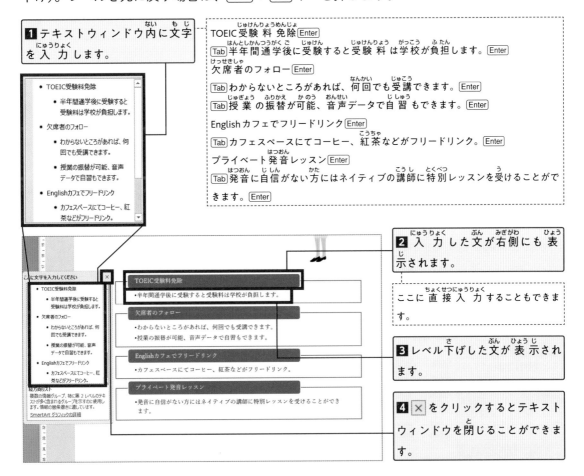

1 テキストウィンドウ内に文字を入力します。

TOEIC受験料免除 Enter
Tab 半年間通学後に受験すると受験料は学校が負担します。 Enter
欠席者のフォロー Enter
Tab わからないところがあれば、何回でも受講できます。 Enter
Tab 授業の振替が可能、音声データで自習もできます。 Enter
English カフェでフリードリンク Enter
Tab カフェスペースにてコーヒー、紅茶などがフリードリンク。 Enter
プライベート発音レッスン Enter
Tab 発音に自信がない方にはネイティブの講師に特別レッスンを受けることができます。 Enter

2 入力した文が右側にも表示されます。

ここに直接入力することもできます。

3 レベル下げした文が表示されます。

4 × をクリックするとテキストウィンドウを閉じることができます。

スマートアートのフォントの変更

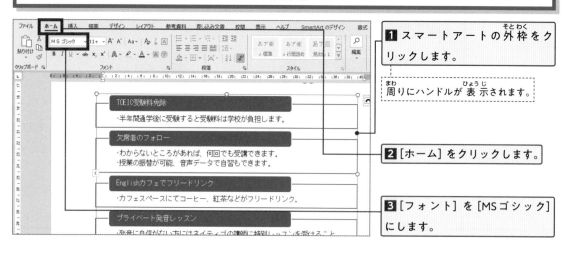

1 スマートアートの外枠をクリックします。

まわりにハンドルが表示されます。

2 [ホーム] をクリックします。

3 [フォント] を [MSゴシック] にします。

スマートアートのスタイルの変更

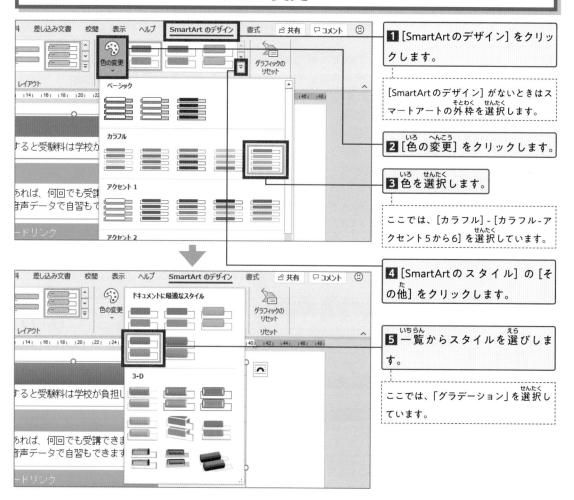

1 [SmartArtのデザイン] をクリックします。

[SmartArtのデザイン] がないときはスマートアートの外枠を選択します。

2 [色の変更] をクリックします。

3 色を選択します。

ここでは、[カラフル] - [カラフル-アクセント5から6] を選択しています。

4 [SmartArtのスタイル] の [その他] をクリックします。

5 一覧からスタイルを選びします。

ここでは、「グラデーション」を選択しています。

その他の入力

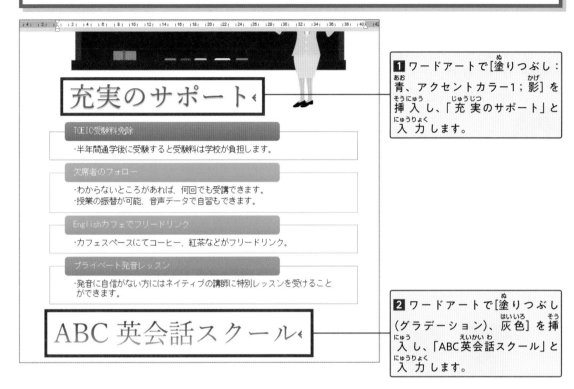

❶ ワードアートで[塗りつぶし：青、アクセントカラー1；影]を挿入し、「充実のサポート」と入力します。

❷ ワードアートで[塗りつぶし（グラデーション）、灰色]を挿入し、「ABC英会話スクール」と入力します。

Point リボンからのスマートアートのレベルの上げ下げ

スマートアートに文字を入力する際、レベルの上下に Tab キーを用いましたが、リボンを使うこともできます。[SmartArtのデザイン] タブの [グラフィックの作成] から行います。

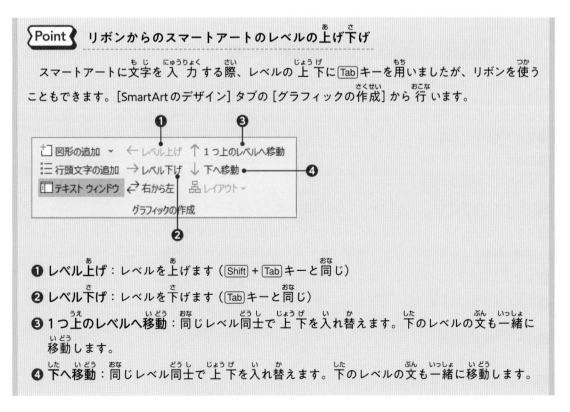

❶ **レベル上げ**：レベルを上げます（ Shift + Tab キーと同じ）

❷ **レベル下げ**：レベルを下げます（ Tab キーと同じ）

❸ **1つ上のレベルへ移動**：同じレベル同士で上下を入れ替えます。下のレベルの文も一緒に移動します。

❹ **下へ移動**：同じレベル同士で上下を入れ替えます。下のレベルの文も一緒に移動します。

練習問題
れんしゅうもんだい

課題1 下の文字を入力して、完成例のような「学生就職支援ネットワーク」のチラシを作成してみましょう。
画像ファイルとオンライン画像、スマートアートを利用してみましょう。

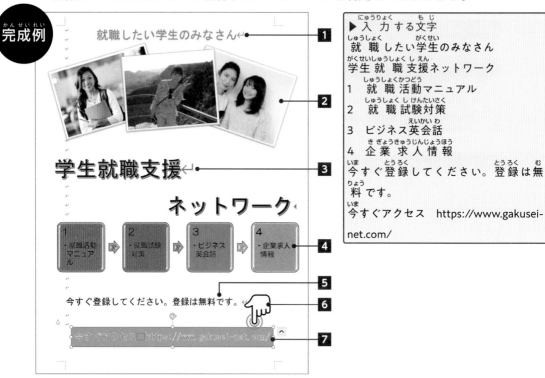

完成例

就職したい学生のみなさん **1**

2

学生就職支援 **3**

ネットワーク

4

5

今すぐ登録してください。登録は無料です。 **6**

今すぐアクセス https://www.gakusei-net.com/ **7**

▶入力する文字

就職したい学生のみなさん
学生就職支援ネットワーク
1　就職活動マニュアル
2　就職試験対策
3　ビジネス英会話
4　企業求人情報
今すぐ登録してください。登録は無料です。
今すぐアクセス　https://www.gakusei-net.com/

挿入する機能	挿入後の設定
1 ワードアート：任意	[フォント] MSゴシック／[フォントサイズ] 24
2 画像： オンライン画像など任意	[図のスタイル] シンプルな枠、白／[図の枠線] - [太さ] 4.5pt／画像の回転
3 ワードアート：任意	[フォント] MSゴシック／[フォントサイズ] 43
4 スマートアート： 手順 - 基本ステップ	[SmartArtのスタイル] 細黒枠／[色の変更] カラフル - アクセント2から3／ [フォント] HG丸ゴシックM-Pro (なければ任意)／[フォントサイズ] 14
5 本文入力	[フォント] MSゴシック／[フォントサイズ] 18
6 画像：オンライン画像	[検索キーワード] クリック／画像の回転
7 ワードアート：任意	[図形のスタイル] 塗りつぶし - 緑、アクセント6／[フォント] MSゴシック ／[フォントサイズ] 18

完成例 3-5_課題1_完成例.docx

3-6 グラフィック要素2

文書に図形などを入れることを挿入といいます。テキストボックス、図形を挿入して文書を作成してみましょう。

学ぶこと
- → 3-6-1 テキストボックスの挿入と設定
- → 3-6-2 図形の挿入と設定
- → 3-6-3 図形の応用

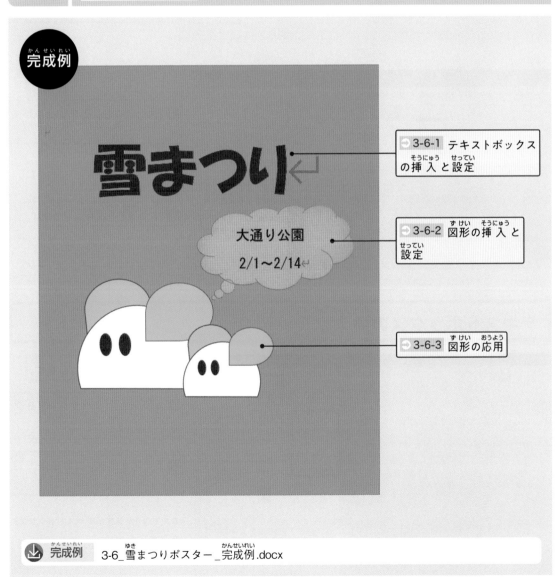

完成例

→ 3-6-1 テキストボックスの挿入と設定

→ 3-6-2 図形の挿入と設定

→ 3-6-3 図形の応用

完成例　3-6_雪まつりポスター_完成例.docx

3-6-1 テキストボックスの挿入と設定

テキストボックスは四角い枠の中に文字を入れて、ワードアートや画像のように拡大したり、移動することができます。

ページに背景色を設定

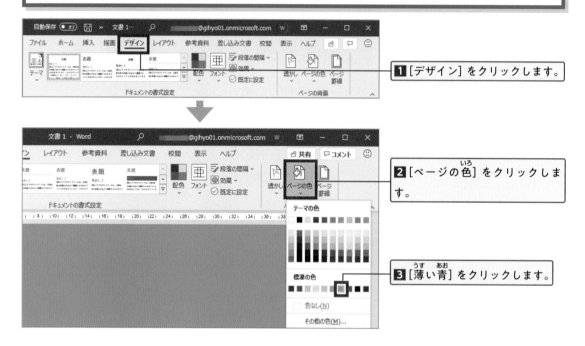

1 [デザイン] をクリックします。

2 [ページの色] をクリックします。

3 [薄い青] をクリックします。

テキストボックスの挿入

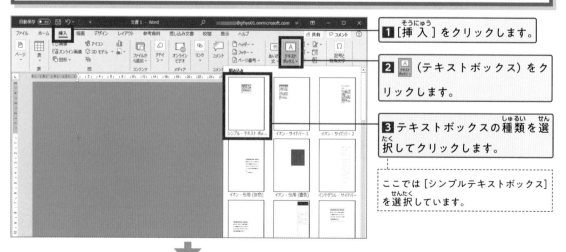

1 [挿入] をクリックします。

2 （テキストボックス）をクリックします。

3 テキストボックスの種類を選択してクリックします。

ここでは [シンプルテキストボックス] を選択しています。

4 テキストボックスが挿入されました。

5 [図形の書式] をクリックします。

[図形の書式] がないときはテキストボックスをクリックします。

6 [文字列の折り返し] をクリックします。

7 [前面] をクリックします。

テキストボックスの右の ⌃ (レイアウトオプション) をクリックして ⌃ (前面) を選んでも同じことができます。

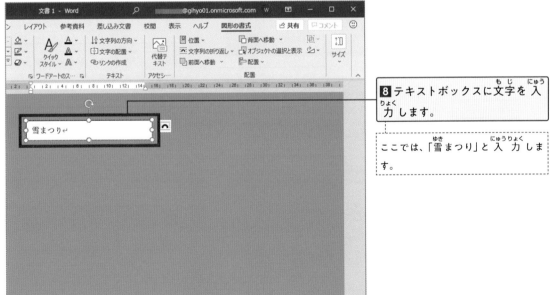

8 テキストボックスに文字を入力します。

ここでは、「雪まつり」と入力します。

テキストボックスの設定

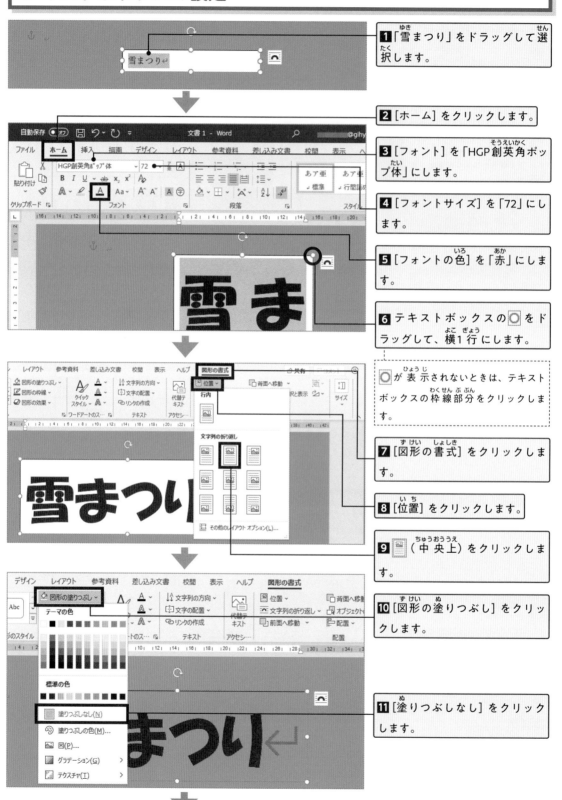

1 「雪まつり」をドラッグして選択します。

2 [ホーム] をクリックします。

3 [フォント] を「HGP創英角ポップ体」にします。

4 [フォントサイズ] を「72」にします。

5 [フォントの色] を「赤」にします。

6 テキストボックスの○をドラッグして、横1行にします。

○が表示されないときは、テキストボックスの枠線部分をクリックします。

7 [図形の書式] をクリックします。

8 [位置] をクリックします。

9 （中央上）をクリックします。

10 [図形の塗りつぶし] をクリックします。

11 [塗りつぶしなし] をクリックします。

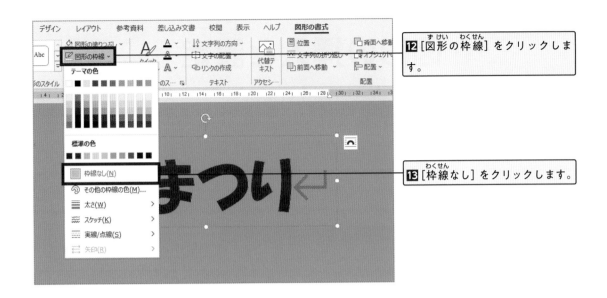

12 [図形の枠線] をクリックします。

13 [枠線なし] をクリックします。

> **Point** 図形の書式設定

[図形の書式] タブの [図形スタイル] グループの右下の ⬒ マークをクリックすると、文書の右側に [図形の書式設定] が表示されます。図形（テキストボックス）を右クリックして、[図形の書式設定] を選んでも同じです。

[図形の書式設定] の [図形のオプション] では、上の手順 **10** ～ **13** で行った [塗りつぶし] や [線] に関する設定ができます。

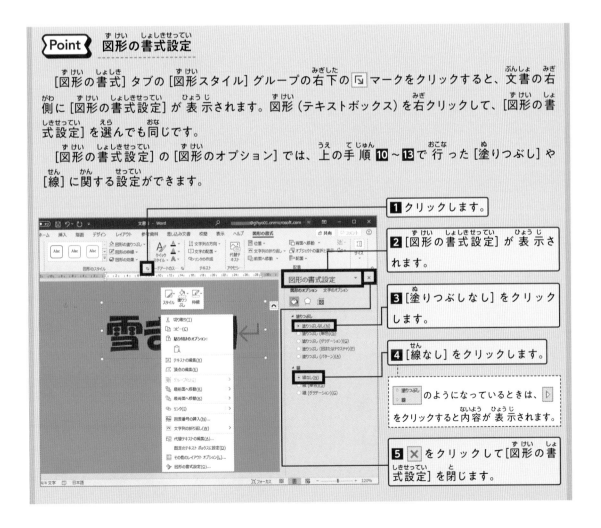

1 クリックします。

2 [図形の書式設定] が表示されます。

3 [塗りつぶしなし] をクリックします。

4 [線なし] をクリックします。

[塗りつぶし/線] のようになっているときは、▷ をクリックすると内容が表示されます。

5 ✕ をクリックして [図形の書式設定] を閉じます。

3-6-2 図形の挿入と設定

Wordにはいろいろな図形が用意されています。文書に図形を入れたり、図形の中に文字を入れてみます。

図形の挿入

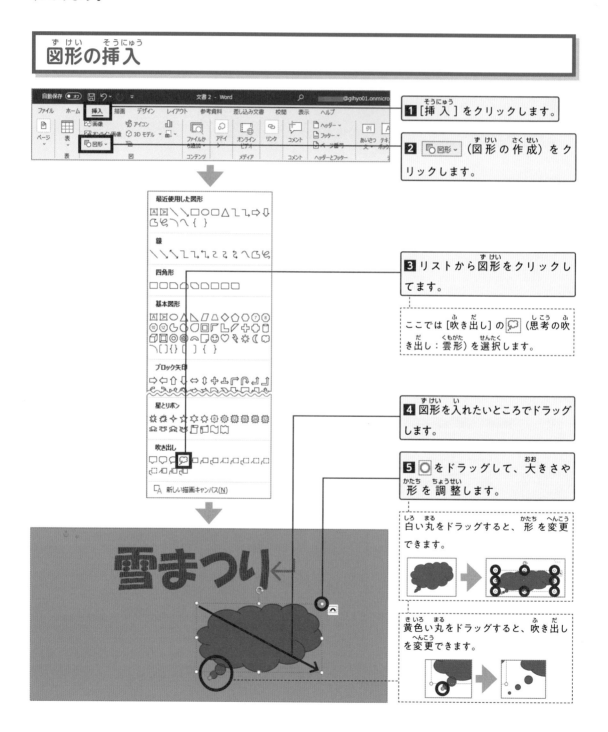

1 [挿入]をクリックします。

2 図形 ▾（図形の作成）をクリックします。

3 リストから図形をクリックします。

ここでは [吹き出し] の 💬（思考の吹き出し：雲形）を選択します。

4 図形を入れたいところでドラッグします。

5 ○をドラッグして、大きさや形を調整します。

白い丸をドラッグすると、形を変更できます。

黄色い丸をドラッグすると、吹き出しを変更できます。

図形のスタイルや文字の設定

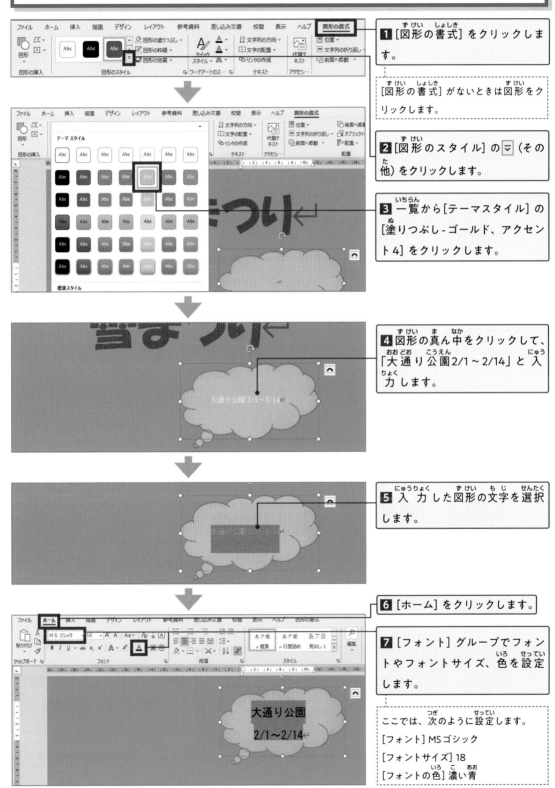

1 [図形の書式] をクリックします。

[図形の書式] がないときは図形をクリックします。

2 [図形のスタイル] の ▽ (その他) をクリックします。

3 一覧から [テーマスタイル] の [塗りつぶし - ゴールド、アクセント4] をクリックします。

4 図形の真ん中をクリックして、「大通り公園2/1～2/14」と入力します。

5 入力した図形の文字を選択します。

6 [ホーム] をクリックします。

7 [フォント] グループでフォントやフォントサイズ、色を設定します。

ここでは、次のように設定します。

[フォント] MSゴシック
[フォントサイズ] 18
[フォントの色] 濃い青

3-6-3 図形の応用

複数の図形を使ってウサギを作ってみます。図形の複製や重ね順、グループ化について学びます。

図形の用意

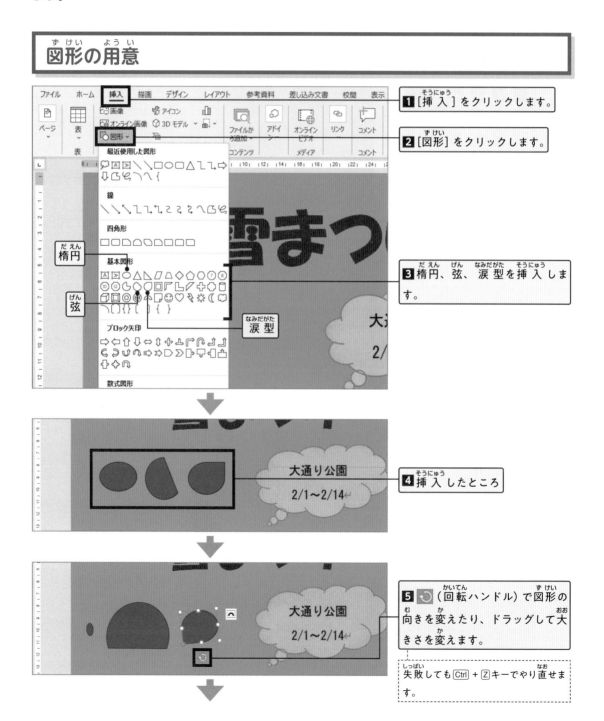

1 [挿入] をクリックします。

2 [図形] をクリックします。

3 楕円、弦、涙型を挿入します。

4 挿入したところ

5 🔄 (回転ハンドル) で図形の向きを変えたり、ドラッグして大きさを変えます。

失敗しても Ctrl + Z キーでやり直せます。

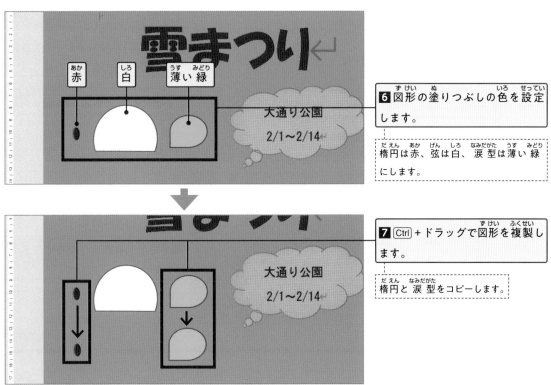

6 図形の塗りつぶしの色を設定します。

楕円は赤、弦は白、涙型は薄い緑にします。

7 Ctrl + ドラッグで図形を複製します。

楕円と涙型をコピーします。

重ね順の変更

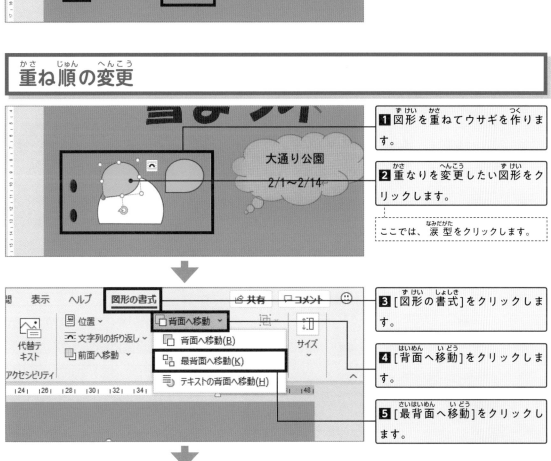

1 図形を重ねてウサギを作ります。

2 重なりを変更したい図形をクリックします。

ここでは、涙型をクリックします。

3 [図形の書式]をクリックします。

4 [背面へ移動]をクリックします。

5 [最背面へ移動]をクリックします。

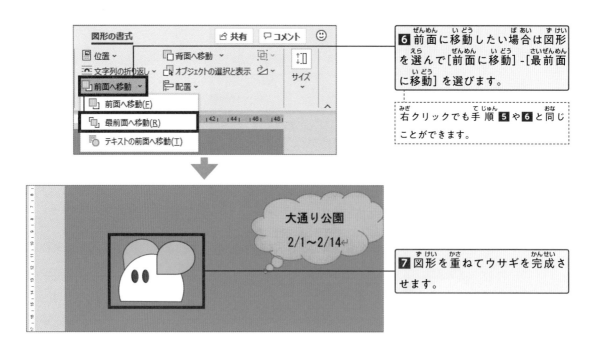

6 前面に移動したい場合は図形を選んで[前面に移動]-[最前面に移動]を選びます。

右クリックでも手順5や6と同じことができます。

7 図形を重ねてウサギを完成させます。

図形のグループ化

1 Shiftキーを押しながら、グループ化したい図形をクリックします。

ここではウサギの図形を全て選択します。

2 [図形の書式]をクリックします。

3 田・(オブジェクトのグループ化)をクリックします。

4 [グループ化]をクリックします。

右クリックして[グループ化]を選択しても同じです。

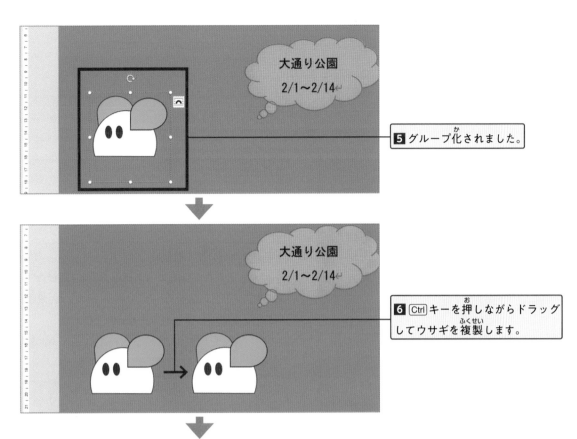

5 グループ化されました。

6 [Ctrl]キーを押しながらドラッグしてウサギを複製します。

7 大きさや位置を調整したら完成です。

[Shift]キーを押しながらドラッグすると同じ比率で拡大、縮小できます。

グループ化した図形同士をさらにグループ化できます。

> **Point** グループ化の解除

グループ化の解除は図形をクリックして［図形の書式］タブの［オブジェクトのグループ化］から［グループ解除］を選択します。

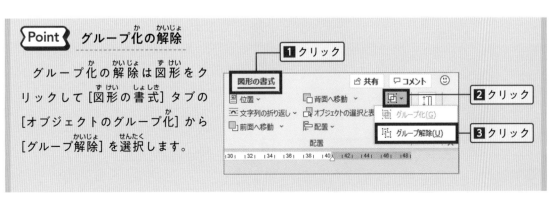

1 クリック

2 クリック

3 クリック

練習問題
<ruby>練<rt>れん</rt>習<rt>しゅう</rt>問<rt>もん</rt>題<rt>だい</rt></ruby>

課題 1
ポスターに雪を<ruby>追加<rt>ついか</rt></ruby>しましょう。ウサギを<ruby>三羽横<rt>さんわよこ</rt></ruby>に<ruby>並<rt>なら</rt></ruby>べましょう。
フォントや<ruby>背景色<rt>はいけいしょく</rt></ruby>も<ruby>変<rt>か</rt></ruby>えてみましょう。

完成例

▶<ruby>円<rt>えん</rt></ruby>の<ruby>作<rt>つく</rt></ruby>り<ruby>方<rt>かた</rt></ruby>
<ruby>楕円<rt>だえん</rt></ruby>の<ruby>図形<rt>ずけい</rt></ruby>を<ruby>選択<rt>せんたく</rt></ruby>し、[Shift]キーを<ruby>押<rt>お</rt></ruby>しながらドラッグすると円が<ruby>挿入<rt>そうにゅう</rt></ruby>されます。

▶<ruby>図<rt>ず</rt></ruby>をきれいに<ruby>並<rt>なら</rt></ruby>べる<ruby>設定<rt>せってい</rt></ruby>
[Shift]+クリックで<ruby>複数<rt>ふくすう</rt></ruby>の<ruby>図形<rt>ずけい</rt></ruby>を<ruby>選択<rt>せんたく</rt></ruby>し、[<ruby>図形<rt>ずけい</rt></ruby>の<ruby>書式<rt>しょ</rt></ruby><ruby>式<rt>しき</rt></ruby>]の[<ruby>配置<rt>はいち</rt></ruby>]を<ruby>選<rt>えら</rt></ruby>び、[<ruby>上下中央揃<rt>じょうげちゅうおうそろ</rt></ruby>え]と[<ruby>左右<rt>さゆう</rt></ruby>に<ruby>整列<rt>せいれつ</rt></ruby>]を<ruby>選<rt>えら</rt></ruby>ぶと<ruby>横一列<rt>よこいちれつ</rt></ruby>にきれいに<ruby>並<rt>なら</rt></ruby>びます。

課題 2
ポスターの<ruby>大<rt>おお</rt></ruby>きな<ruby>雪<rt>ゆき</rt></ruby>ウサギを<ruby>雪<rt>ゆき</rt></ruby>だるまに<ruby>変更<rt>へんこう</rt></ruby>しましょう。

完成例

▶<ruby>吹<rt>ふ</rt></ruby>き<ruby>出<rt>だ</rt></ruby>し
フォント：HGP<ruby>創英角<rt>そうえいかく</rt></ruby>ポップ<ruby>体<rt>たい</rt></ruby>
フォントサイズ：28

▶<ruby>雪<rt>ゆき</rt></ruby>だるまの<ruby>図形<rt>ずけい</rt></ruby>と<ruby>色<rt>いろ</rt></ruby>
<ruby>帽子<rt>ぼうし</rt></ruby>：<ruby>台形<rt>だいけい</rt></ruby>／<ruby>赤<rt>あか</rt></ruby>
<ruby>鼻<rt>はな</rt></ruby>：<ruby>三角<rt>さんかく</rt></ruby>／オレンジ
<ruby>口<rt>くち</rt></ruby>：アーチ／<ruby>青<rt>あお</rt></ruby>
<ruby>顔<rt>かお</rt></ruby>・<ruby>胴体<rt>どうたい</rt></ruby>：<ruby>楕円<rt>だえん</rt></ruby>／<ruby>白<rt>しろ</rt></ruby>
<ruby>目<rt>め</rt></ruby>・ボタン：<ruby>楕円<rt>だえん</rt></ruby>／<ruby>青<rt>あお</rt></ruby>

完成例 3-6_<ruby>課題<rt>かだい</rt></ruby>1_<ruby>完成例<rt>かんせいれい</rt></ruby>.docx、3-6_<ruby>課題<rt>かだい</rt></ruby>2_<ruby>完成例<rt>かんせいれい</rt></ruby>.docx

4章

しょう

Excel 編

へん

4章 Excel編で学ぶ内容

4-1 Excelの基本

Excelの起動や終了、ブックの保存など、基本操作や画面について学びます。

学ぶこと

- 4-1-1 Excelの起動と終了、保存フォルダーの作成
- 4-1-2 Excelの画面
- 4-1-3 シートの作成と削除
- 4-1-4 ブックの保存
- 4-1-5 ブックの読み込み
- 4-1-6 テンプレート
- 4-1-7 シートの印刷

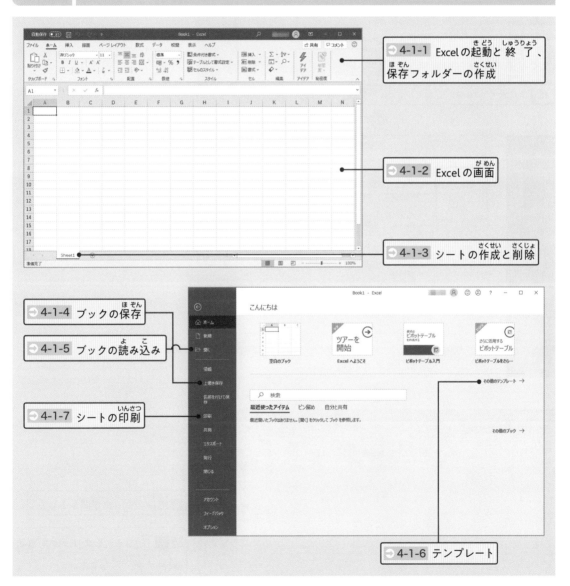

4-1-1 Excelの起動と終了、保存フォルダーの作成

4-1-2 Excelの画面

4-1-3 シートの作成と削除

4-1-4 ブックの保存

4-1-5 ブックの読み込み

4-1-7 シートの印刷

4-1-6 テンプレート

4-1-1 Excelの起動と終了、保存フォルダーの作成

Excelの起動と終了

Excelの起動と終了方法を学びます。

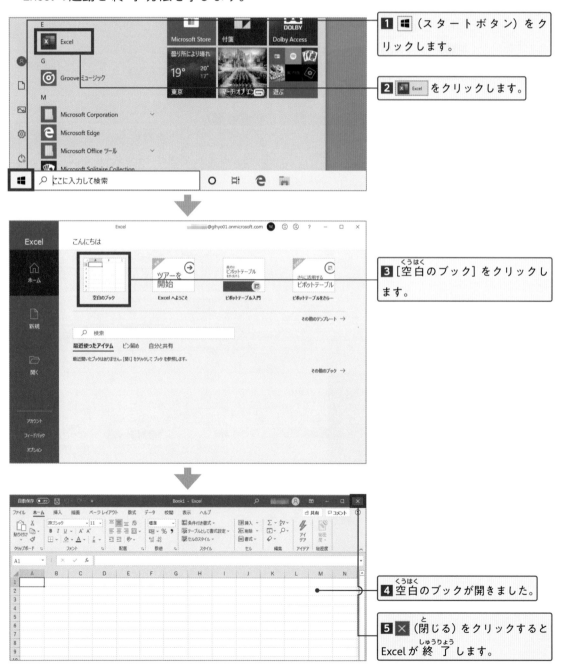

1 ■ (スタートボタン) をクリックします。

2 ■ Excel をクリックします。

3 [空白のブック] をクリックします。

4 空白のブックが開きました。

5 × (閉じる) をクリックするとExcelが終了します。

「ドキュメント」に自分用の保存フォルダーを作成

　これから学習するブックを、「ファイルとして保存」するためのフォルダーを準備します。「ドキュメント」フォルダーにファイル保存用のフォルダーを作成しましょう。手順は次の通りです。

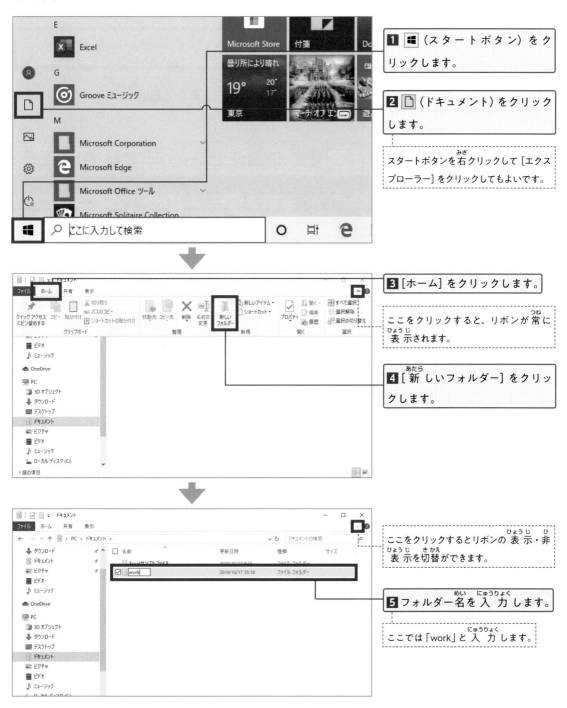

1 ⊞（スタートボタン）をクリックします。

2 📄（ドキュメント）をクリックします。

スタートボタンを右クリックして［エクスプローラー］をクリックしてもよいです。

3 ［ホーム］をクリックします。

ここをクリックすると、リボンが常に表示されます。

4 ［新しいフォルダー］をクリックします。

ここをクリックするとリボンの表示・非表示を切替ができます。

5 フォルダー名を入力します。

ここでは「work」と入力します。

4-1-2 Excelの画面

Excelの画面の各部は、それぞれの役割があります。Excelを始める前にExcelの画面の各部の役割を理解しましょう。

Excelの構成要素

Excelの画面の各部には次のような名前が付いています。また各部にはそれぞれの役割があります。

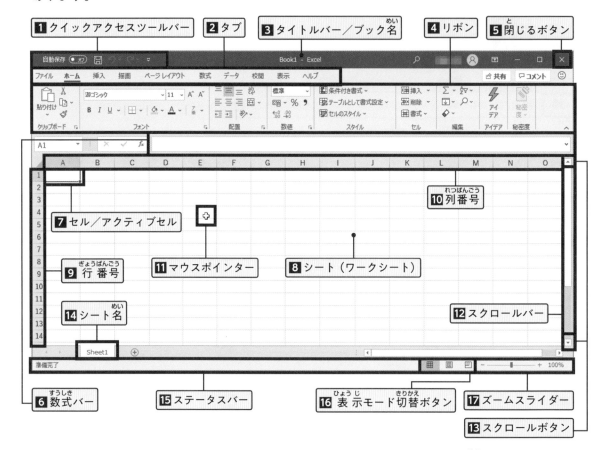

1 クイックアクセスツールバー
2 タブ
3 タイトルバー／ブック名
4 リボン
5 閉じるボタン
7 セル／アクティブセル
10 列番号
11 マウスポインター
8 シート（ワークシート）
9 行番号
14 シート名
12 スクロールバー
6 数式バー
15 ステータスバー
16 表示モード切替ボタン
17 ズームスライダー
13 スクロールボタン

1 クイックアクセスツールバー
よく使うコマンドを登録することができます。

2 タブ
クリックするとリボンを切り替えることができます。

3 タイトルバー／ブック名
ファイル名（ブック名）が表示されます。

4 リボン
操作に必要なコマンドが機能別にグループ化されて配置されています。

5 閉じるボタン

クリックすると Excel が終了します。

6 数式バー

選択されているセルに入力されているデータや数式が表示されます。

7 セル／アクティブセル

ひとつひとつのマス目のことをセルといいます。黒枠で囲まれたセルをアクティブセルといいます。

8 シート（ワークシート）

セル全体のことをシートといいます。

9 行番号

横のセルの集まりを行といいます。行番号は数字で表されます。

10 列番号

縦のセルの集まりを列といいます。列番号はアルファベットになっています。

11 マウスポインター

マウスの位置が表示されます。

12 スクロールバー

ドラッグして上下に動かすと、画面が上下にスクロールします。

13 スクロールボタン

［▲］［▼］をクリックすると画面が上下にスクロールします。

14 シート名

シート（ワークシート）名が表示されます。

15 ステータスバー

セルの状態などが表示されます。

16 表示モード切替ボタン

クリックすると画面の表示モードが切り替わります。詳しくは下記のPointを参照してください。

17 ズームスライダー

ドラッグすると画面の表示倍率が変わります。右側に倍率が表示されます。

Point 表示モード切替ボタン

16 の「表示モード切替ボタン」では、3つの表示モードが用意されています。ページレイアウトで印刷イメージを確認したり、改ページプレビューで印刷範囲を調整できます。

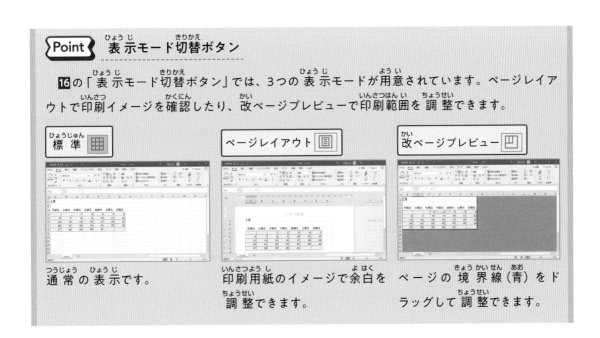

標準　通常の表示です。

ページレイアウト　印刷用紙のイメージで余白を調整できます。

改ページプレビュー　ページの境界線（青）をドラッグして調整できます。

4-1-3 シートの作成と削除

シートとブック

　Excelでは、セルがたくさん集まったものをシート、またはワークシートと呼びます。シート名は、Excelの左下のタブで確認できます。

　そして、シートが集まったものがブック、またはワークブックといいます。ブック名とファイル名は同じです。ブック名はタイトルバーで確認できます。

ブック（ワークブック）　　　ブック名（ファイル名）

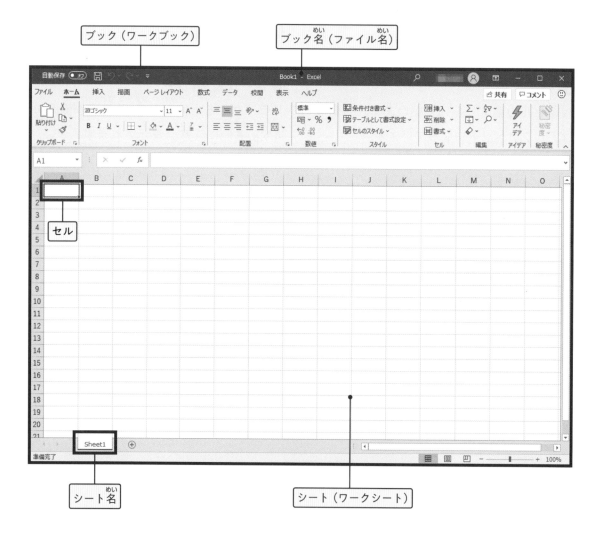

セル

シート名　　　シート（ワークシート）

シートの追加

起動したとき、Excelのシートは1つですが、簡単に増やすことができます。手順は次の通りです。

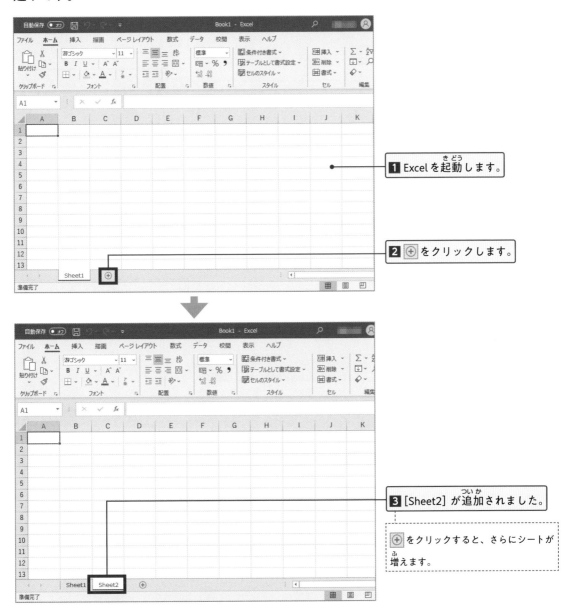

1 Excelを起動します。

2 ⊕ をクリックします。

3 [Sheet2] が追加されました。

⊕ をクリックすると、さらにシートが増えます。

シートの削除

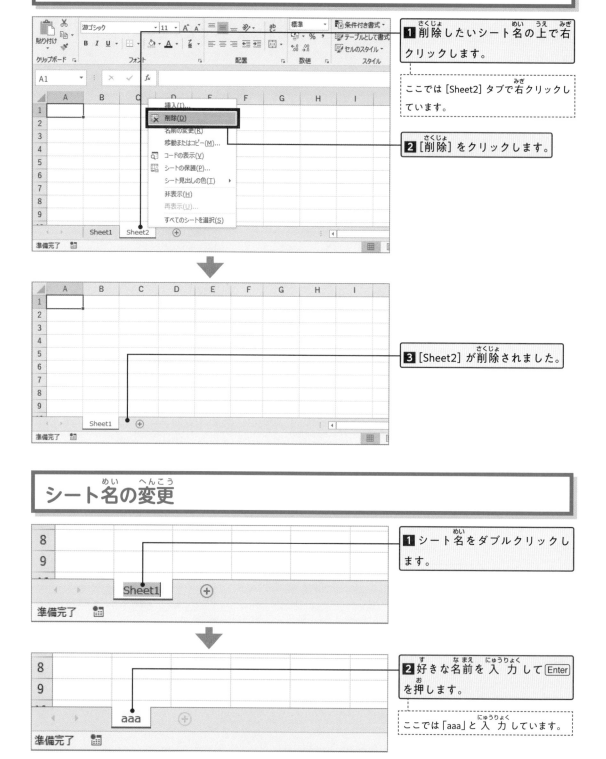

1 削除したいシート名の上で右クリックします。

ここでは [Sheet2] タブで右クリックしています。

2 [削除] をクリックします。

3 [Sheet2] が削除されました。

シート名の変更

1 シート名をダブルクリックします。

2 好きな名前を入力して Enter を押します。

ここでは「aaa」と入力しています。

Point ショートカットキー一覧

ショートカットキーとは、キーボードのキーを組み合わせて行う操作です。マウスに手を伸ばさず行えるので、覚えると作業がとてもスピードアップします。たとえば、Ctrl + Nと書いてある場合、Ctrlキーを押しながら、Nキーを押します。たくさんのショートカットキーがありますが、下記はその一部です。

キー	操作	キー	操作
Ctrl + N	新規作成	F2	編集モードにする
Ctrl + O	ファイルを開く	Ctrl + D	1つ上のセルを複写
Ctrl + W	ブックを閉じる	Ctrl + R	1つ左のセルを複写
Alt + F4	Excelの終了	Ctrl + ;	今日の日付を入力
F12	名前を付けて保存	Ctrl + :	現在の時刻を入力
Ctrl + S	上書き保存	Shift + F3	関数の入力
Ctrl + X	切り取り	Alt + Shift + =	SUM関数の入力
Ctrl + C	コピー	Alt + Enter	セル内で改行
Ctrl + V	貼り付け	Ctrl + F	検索
Ctrl + Z	元に戻す	Ctrl + H	置換
Ctrl + Y	やり直し	Ctrl + D	ジャンプ
Ctrl + P	印刷	Ctrl + 1	書式設定を開く
F4	操作の繰り返し	Shift + ↑↓←→	選択範囲の拡張
Ctrl + Home	「A1」のセルに移動	Ctrl + A	シート全体を選択
Ctrl + End	最後のセルに移動	Ctrl + Space	列を選択
Ctrl + B	太字	Shift + Space	行を選択
Ctrl + I	斜体	Shift + F11	新規シートの挿入
Ctrl + U	下線	Shift + F10	右クリックメニュー

Point ［上書き保存］ボタンですばやく保存

上書き保存はショートカットキーCtrl + Sでもすばやくできますが、クイックアクセスツールバーの［上書き保存］ボタンも、クリックするだけですばやく上書き保存ができます。このようにExcelには1つの操作に複数のやり方が用意されています。

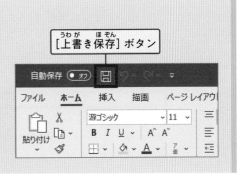

［上書き保存］ボタン

4-1-4 ブックの保存

ブックの保存には、「名前を付けて保存」と、「上書き保存」があります。はじめてブックを保存する場合、あるいは、別のブック名を付けて保存したいときは、「名前を付けて保存」を行います。一度保存したブックは、上書き保存をすることができます。上書き保存を行うとブックの内容だけが更新されます。

「名前を付けて保存」の手順

ファイル名を付けてブックを保存します。ファイル名がそのままブック名になります。

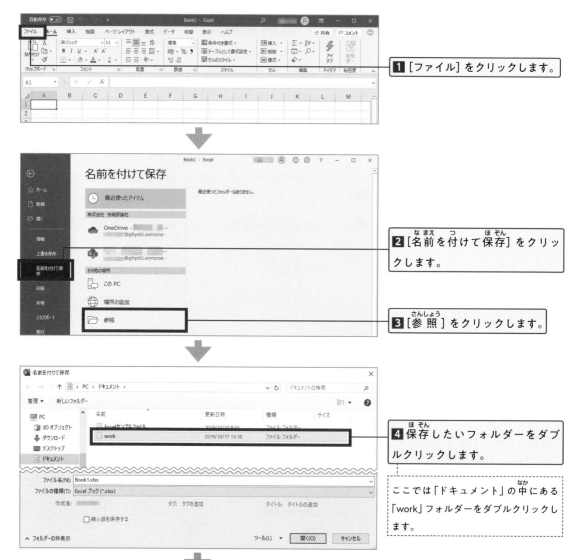

1 [ファイル] をクリックします。

2 [名前を付けて保存] をクリックします。

3 [参照] をクリックします。

4 保存したいフォルダーをダブルクリックします。

ここでは「ドキュメント」の中にある「work」フォルダーをダブルクリックします。

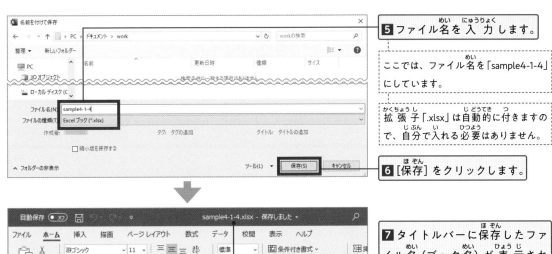

5 ファイル名を入力します。

ここでは、ファイル名を「sample4-1-4」にしています。

拡張子「.xlsx」は自動的に付きますので、自分で入れる必要はありません。

6 [保存] をクリックします。

7 タイトルバーに保存したファイル名（ブック名）が表示されます。

「上書き保存」の手順

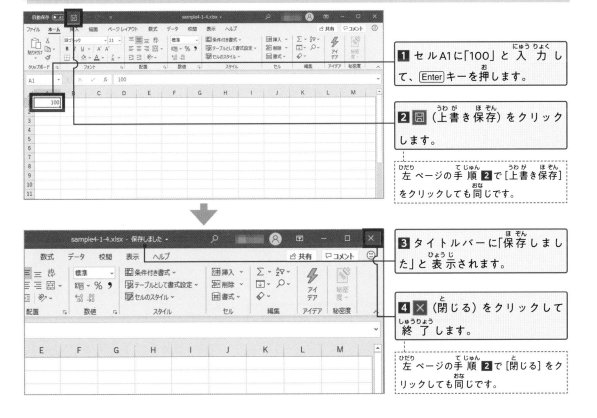

1 セルA1に「100」と入力して、Enterキーを押します。

2 🖫 （上書き保存）をクリックします。

左ページの手順 **2** で [上書き保存] をクリックしても同じです。

3 タイトルバーに「保存しました」と表示されます。

4 ✕ （閉じる）をクリックして終了します。

左ページの手順 **2** で [閉じる] をクリックしても同じです。

4-1-5 ブックの読み込み

Excelで作成したブックは、Excelに読み込んで再度編集することができます。

「読み込み」の手順

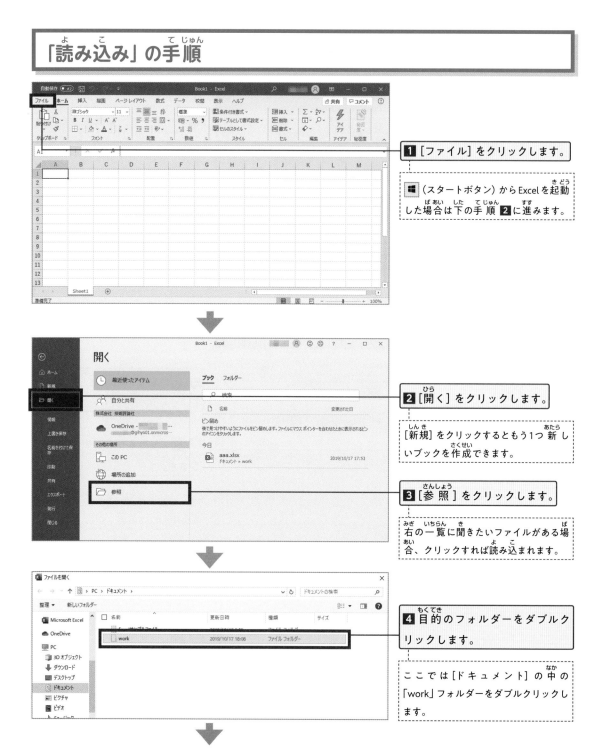

1 [ファイル] をクリックします。

■ (スタートボタン) からExcelを起動した場合は下の手順 **2** に進みます。

2 [開く] をクリックします。

[新規] をクリックするともう1つ新しいブックを作成できます。

3 [参照] をクリックします。

右の一覧に聞きたいファイルがある場合、クリックすれば読み込まれます。

4 目的のフォルダーをダブルクリックします。

ここでは [ドキュメント] の中の「work」フォルダーをダブルクリックします。

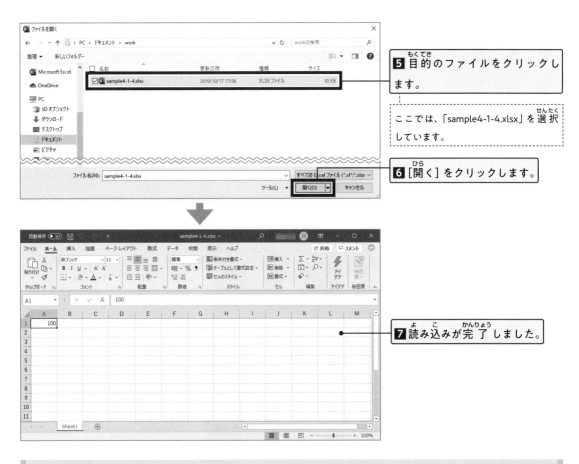

5 目的のファイルをクリックします。

ここでは、「sample4-1-4.xlsx」を選択しています。

6 [開く]をクリックします。

7 読み込みが完了しました。

> Point フォルダーから直接起動

エクスプローラーで保存したフォルダーを開き、ファイルをダブルクリックしても、ブックを読み込むことができます。

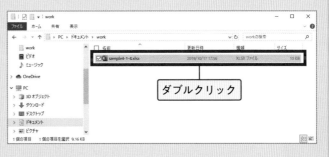

ダブルクリック

> Point ダウンロードしたファイルを開く場合

インターネットから入手したファイルは、コンピューターを保護するために「読み取り専用」として保護ビューで開かれます。この状態では文書作成ができませんので、[編集を有効にする]ボタンをクリックします。

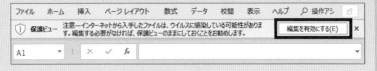

4-1-6 テンプレート

Excelでは起動したときに、テンプレートを選択することができます。テンプレートを利用するとシート（ブック）の作成が楽に行えます。Excelにはさまざまなテンプレートが用意されています。

テンプレートの選択

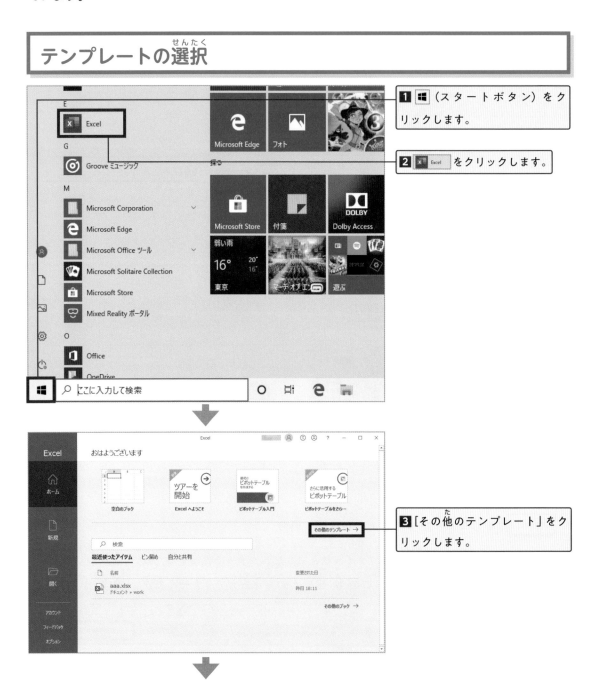

1 ■（スタートボタン）をクリックします。

2 ❎ Excel をクリックします。

3[その他のテンプレート]をクリックします。

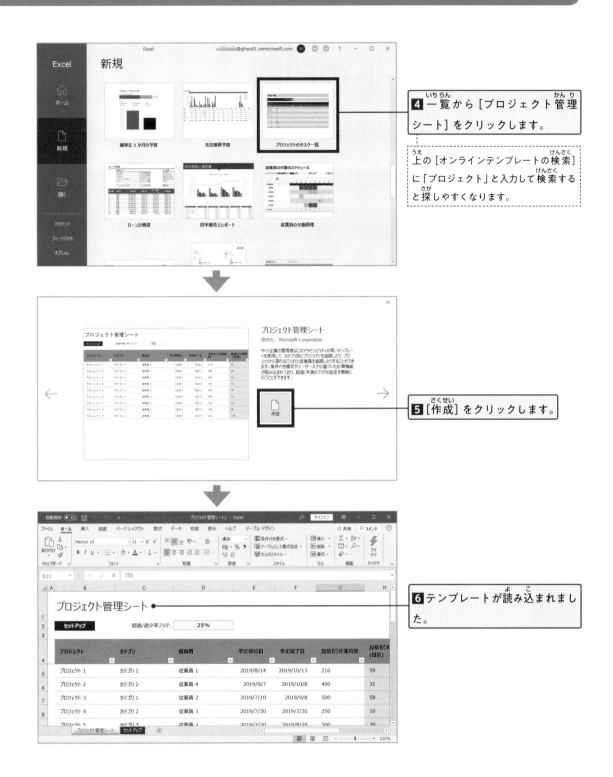

4 一覧から[プロジェクト管理シート]をクリックします。

上の[オンラインテンプレートの検索]に「プロジェクト」と入力して検索すると探しやすくなります。

5 [作成]をクリックします。

6 テンプレートが読み込まれました。

4-1-7 シートの印刷

Excelで作成したシート（ブック）は印刷を行うことができます。

「印刷」の手順

1. 4-1-6のテンプレートを使用します。

2. [ファイル] をクリックします。

3. [印刷] をクリックします。

4. 印刷に使用するプリンターを選びます。

5. [設定] で用紙や向きなどを選びます。

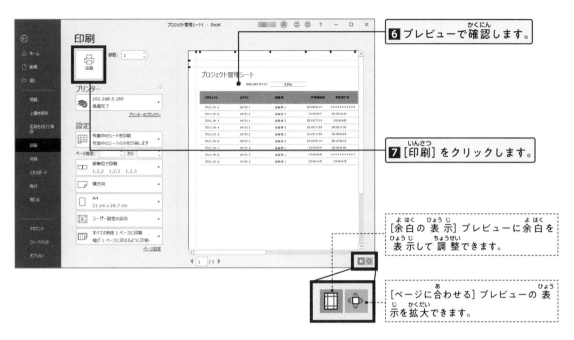

6 プレビューで確認します。

7 [印刷] をクリックします。

[余白の表示] プレビューに余白を表示して調整できます。

[ページに合わせる] プレビューの表示を拡大できます。

Point 印刷の設定

印刷の画面では、印刷部数や用紙サイズなどの印刷に関する設定ができます。

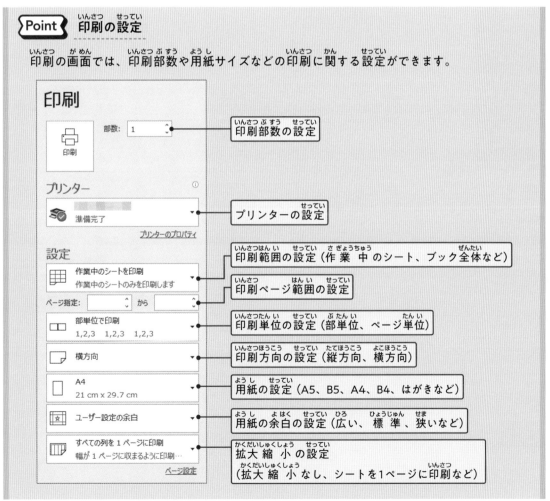

印刷部数の設定

プリンターの設定

印刷範囲の設定（作業中のシート、ブック全体など）

印刷ページ範囲の設定

印刷単位の設定（部単位、ページ単位）

印刷方向の設定（縦方向、横方向）

用紙の設定（A5、B5、A4、B4、はがきなど）

用紙の余白の設定（広い、標準、狭いなど）

拡大縮小の設定
（拡大縮小なし、シートを1ページに印刷など）

課題 1　Excelを起動して「空白のブック」を開いてみましょう。

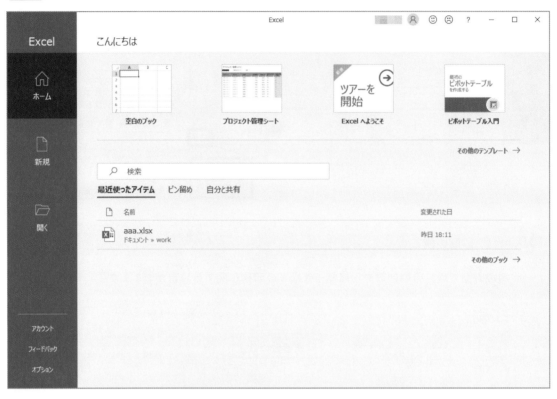

課題 2　画面の表示モードを「標準」から「ページレイアウト」に変えてみましょう。

標準　　→　　ページレイアウト

4-2 セル操作の基本

ここでは、セル操作の基本、入力や消去と修正、コピーと移動、オートフィルなどについて学びます。

学ぶこと

- 4-2-1 セルとシートの基本
- 4-2-2 データの入力と修正
- 4-2-3 データの消去、セルの削除・挿入
- 4-2-4 データのコピーと移動
- 4-2-5 オートフィル
- 4-2-6 セルの表示形式

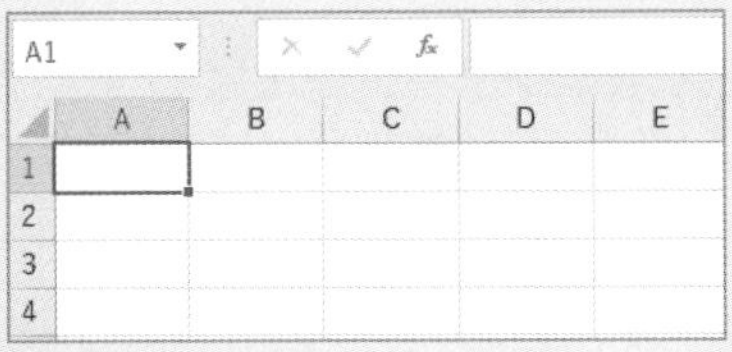

4-2-1 セルとシートの基本

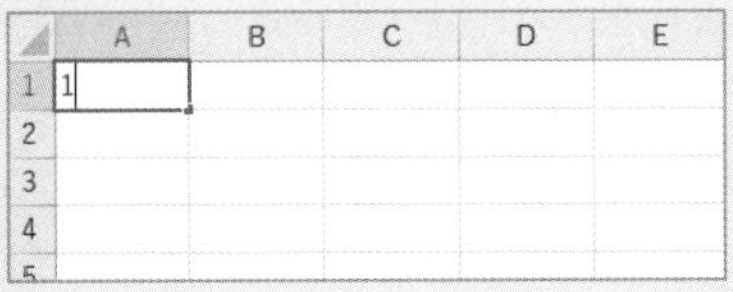

4-2-2 データの入力と修正

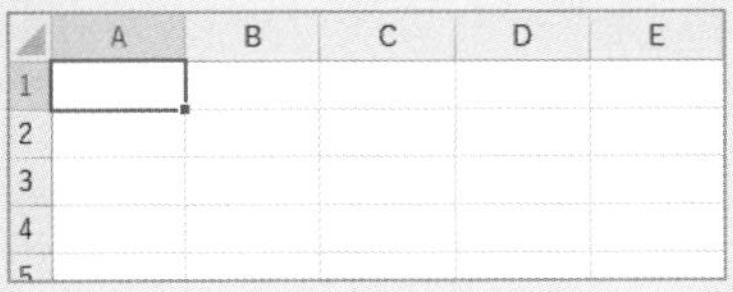

4-2-3 データの消去、セルの削除・挿入

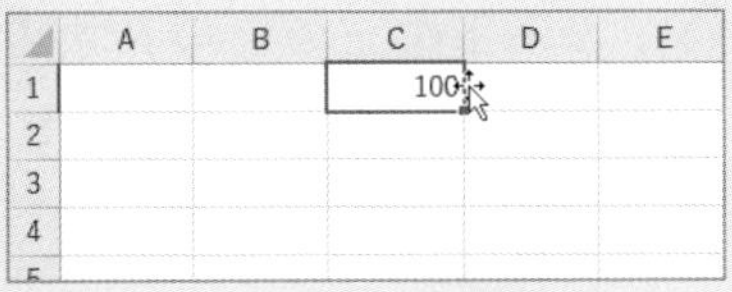

4-2-4 データのコピーと移動

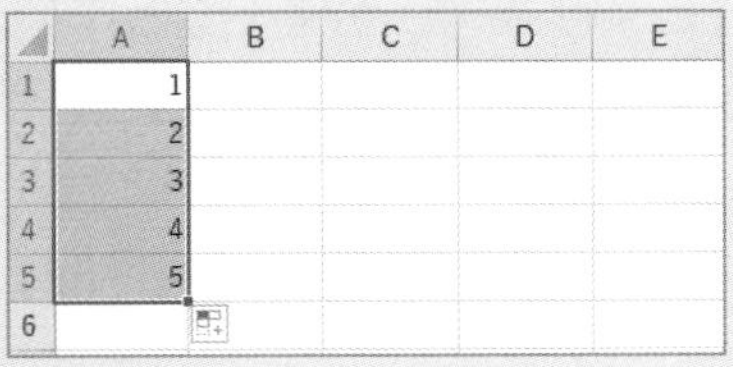

4-2-5 オートフィル

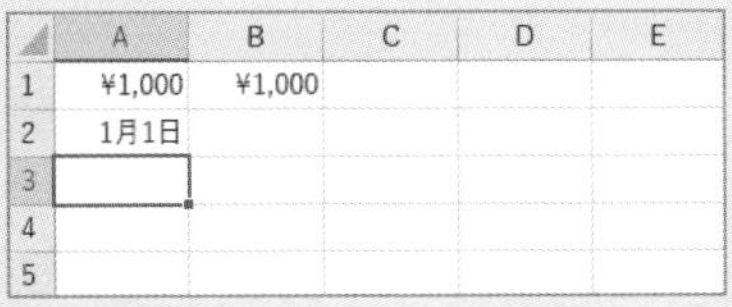

4-2-6 セルの表示形式

4-2-1 セルとシートの基本

セルとシートの名称や操作の基本を学びます。

アクティブセル

Excelのシートを構成している四角を「セル」といいます。そのなかで周りが太線で囲まれているセルのことを「アクティブセル」といいます。アクティブセルは操作対象となるセルです。↓↑←→キーやマウスクリックで移動できます。また、アクティブセルへの入力でよく使うキーが Enter キーと Tab キーです。Enter キーを押すと下に、Tab キーを押すと右にアクティブセルが移動します。

アクティブセルを表す太い四角のことをセルポインター、もしくは単にカーソルと呼ぶこともあります。マウスポインターや文字カーソルなどと混同しないように注意しましょう。

↑↓←→キーやマウスクリック、Enter キーや Tab キーでアクティブセルを移動してみましょう。

セル番地

セルにはすべて、決められた番号があります。シートの上のアルファベット（列番号）と左の数字（行番号）を利用します。例えば一番左上のセルは「A1」です。表し方は列番号＋行番号となります。

アクティブセルのセル番地では、「列番号」と「行番号」が濃くなっています。また、[名前ボックス]にセル番地が表示されます。以下で確認してみましょう。

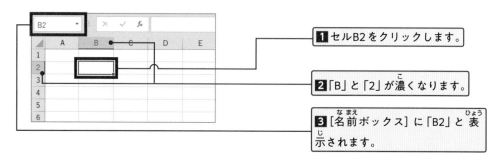

1 セルB2をクリックします。

2 「B」と「2」が濃くなります。

3 [名前ボックス]に「B2」と表示されます。

セルの選択

　複数のセルを選択するには、マウスでドラッグします。また、行番号や列番号をクリックすることで、セルをまとめて選ぶこともできます。Shiftキーを押しながら↓↑←→キーを押しても選択できます。

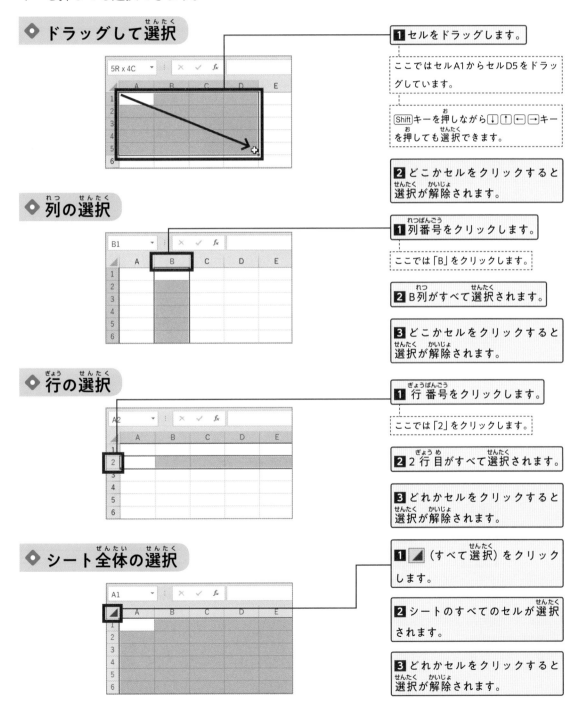

◆ ドラッグして選択

1 セルをドラッグします。

ここではセルA1からセルD5をドラッグしています。

Shiftキーを押しながら↓↑←→キーを押しても選択できます。

2 どこかセルをクリックすると選択が解除されます。

◆ 列の選択

1 列番号をクリックします。

ここでは「B」をクリックします。

2 B列がすべて選択されます。

3 どこかセルをクリックすると選択が解除されます。

◆ 行の選択

1 行番号をクリックします。

ここでは「2」をクリックします。

2 2行目がすべて選択されます。

3 どれかセルをクリックすると選択が解除されます。

◆ シート全体の選択

1 （すべて選択）をクリックします。

2 シートのすべてのセルが選択されます。

3 どれかセルをクリックすると選択が解除されます。

4-2-2 データの入力と修正

Excelには文字を入力するときに、複数のモードがあります。ここでは、入力モードと編集モードについて学習します。

セルに文字を入力（入力モード）

標準的な入力方法が入力モードです。実際にやってみましょう。

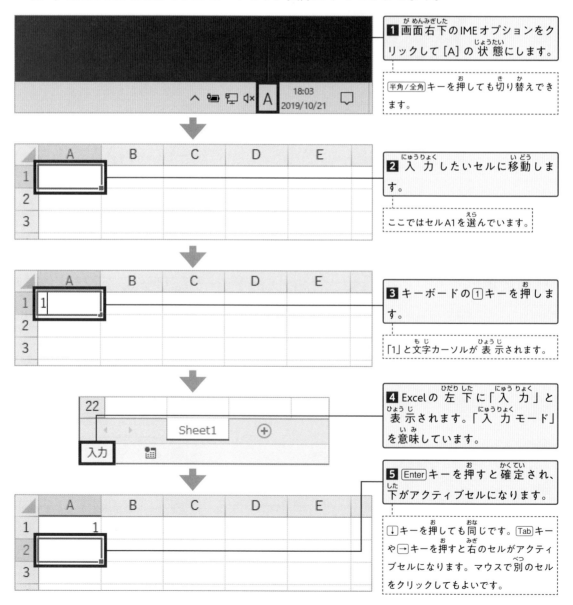

1 画面右下のIMEオプションをクリックして [A] の状態にします。

> 半角/全角キーを押しても切り替えできます。

2 入力したいセルに移動します。

> ここではセルA1を選んでいます。

3 キーボードの①キーを押します。

> 「1」と文字カーソルが表示されます。

4 Excelの左下に「入力」と表示されます。「入力モード」を意味しています。

5 Enterキーを押すと確定され、下がアクティブセルになります。

> ↓キーを押しても同じです。Tabキーや→キーを押すと右のセルがアクティブセルになります。マウスで別のセルをクリックしてもよいです。

セルの内容を修正・変更（入力モード）

入力したセルを別の内容に変更します。

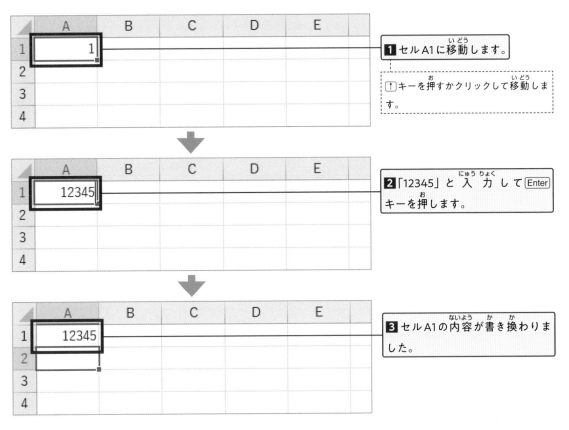

1 セルA1に移動します。

↑キーを押すかクリックして移動します。

2「12345」と入力してEnterキーを押します。

3 セルA1の内容が書き換わりました。

セルの内容を修正・変更（編集モード）

「編集モード」はアクティブセルをダブルクリックするか、F2キーを押すことで切り替わります。特に、入力したデータを修正したいときに便利です。上の手順**2**のように、「入力モード」でセルの内容を変更すると、元の内容は消えてしまいますが、「編集モード」では、元の内容を残したまま、セルの内容を変更できます。実際にやってみましょう。

	A	B	C	D	E	
1	12345					
2						
3						
4						

1 セルA1に移動します。

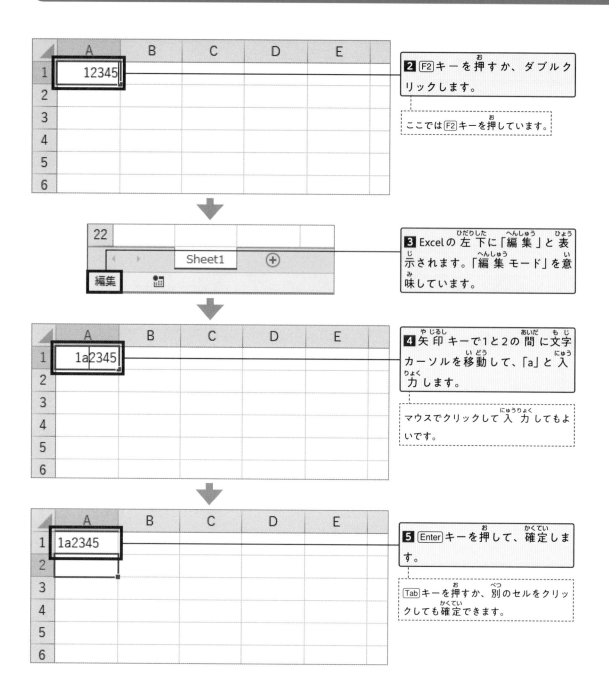

2 F2 キーを押すか、ダブルクリックします。

ここでは F2 キーを押しています。

3 Excel の左下に「編集」と表示されます。「編集モード」を意味しています。

4 矢印キーで1と2の間に文字カーソルを移動して、「a」と入力します。

マウスでクリックして入力してもよいです。

5 Enter キーを押して、確定します。

Tab キーを押すか、別のセルをクリックしても確定できます。

> **Point** 編集モードでの入力の確定方法

　入力モードでは、矢印キーでも確定できましたが、編集モードでは、矢印キーは文字カーソルの移動になりますので、入力を確定できません。編集モードで入力を確定したい場合は、Enter キーや Tab キーを押すか、別のセルをクリックします。

入力の取り消し

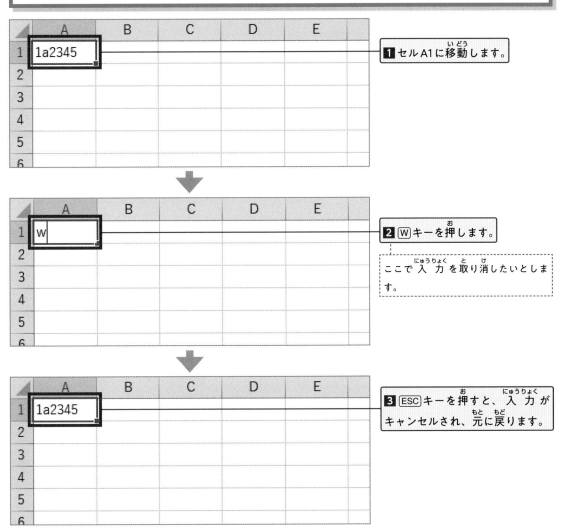

1 セルA1に移動します。

2 Ｗキーを押します。

ここで入力を取り消したいとします。

3 ESCキーを押すと、入力がキャンセルされ、元に戻ります。

> **Point** 確定したあとに元に戻したいとき

確定したあとに、元に戻したいときは、クイックアクセスツールバーの ↩ （元に戻す）ボタンをクリックします。

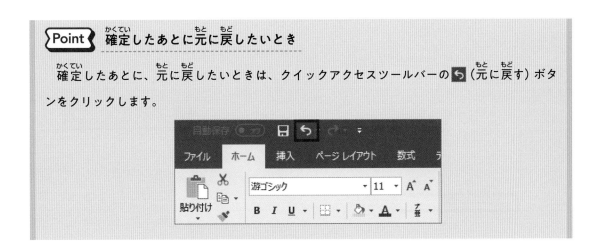

4-2-3 データの消去、セルの削除・挿入

セルに入力されているデータの消去やセルの削除・挿入を行います。

データの消去

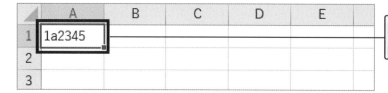

1 消去したいセルに移動して、[Delete]キーを押します。

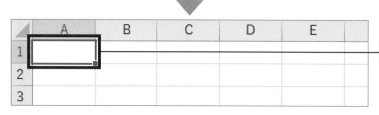

2 データが消去されました。

> **Point** まとめて消去

複数のセルをドラッグして選択し、[Delete]キーを押すと、まとめて消去できます。

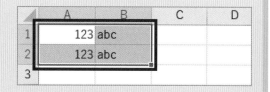

> **Point** 右クリックやリボンからの消去

上の方法以外にも、セルを右クリックして [数式と値のクリア] を選択する方法や、[ホーム] タブの [クリア] ボタンから [すべてクリア] を選択する方法があります。

●右クリックの方法

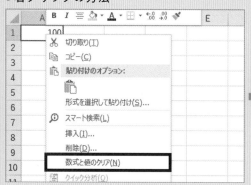

●[ホーム] タブの [クリア] ボタンからの方法

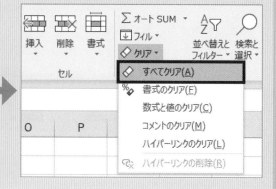

セルの削除

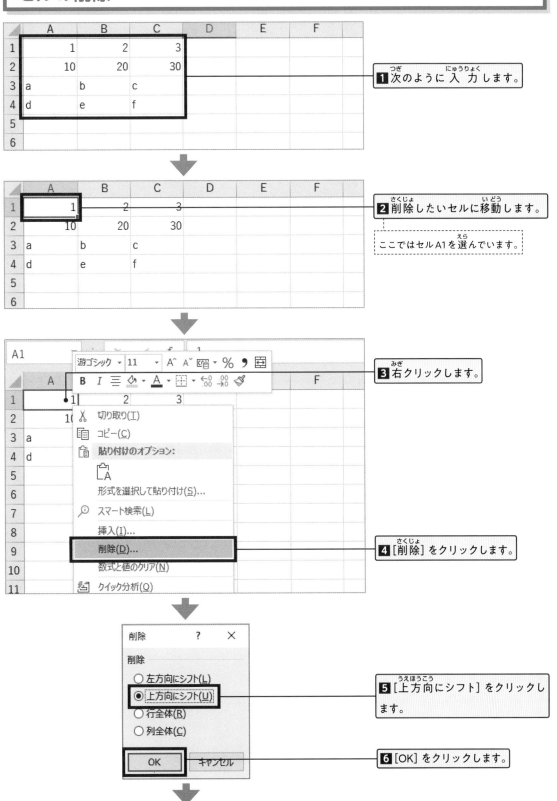

1 次のように入力します。

2 削除したいセルに移動します。

ここではセルA1を選んでいます。

3 右クリックします。

4 [削除] をクリックします。

5 [上方向にシフト] をクリックします。

6 [OK] をクリックします。

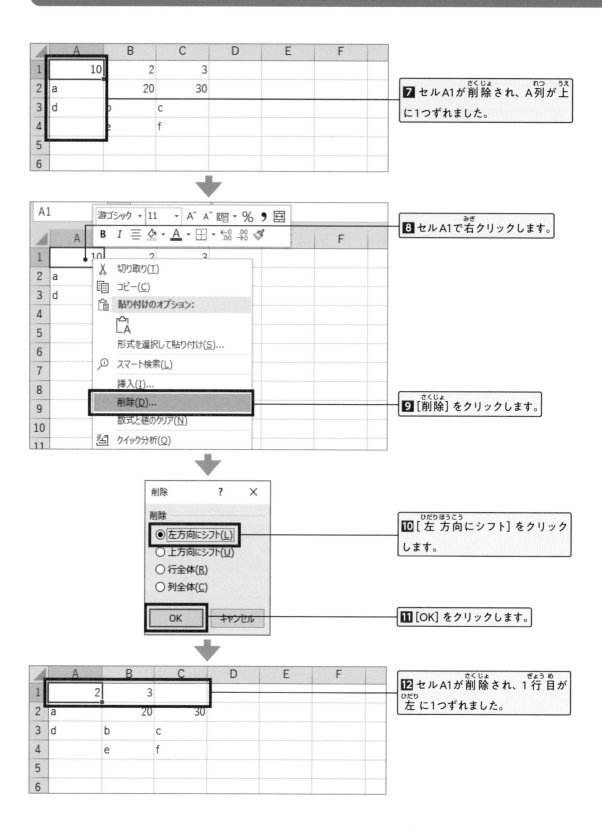

7 セルA1が削除され、A列が上に1つずれました。

8 セルA1で右クリックします。

9 [削除] をクリックします。

10 [左方向にシフト] をクリックします。

11 [OK] をクリックします。

12 セルA1が削除され、1行目が左に1つずれました。

行の削除

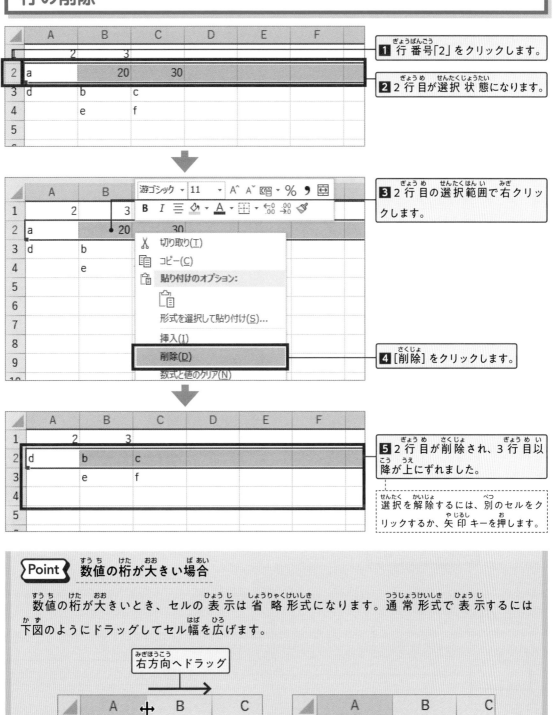

1 行番号「2」をクリックします。

2 2行目が選択状態になります。

3 2行目の選択範囲で右クリックします。

4 [削除]をクリックします。

5 2行目が削除され、3行目以降が上にずれました。

選択を解除するには、別のセルをクリックするか、矢印キーを押します。

> **Point** 数値の桁が大きい場合

数値の桁が大きいとき、セルの表示は省略形式になります。通常形式で表示するには下図のようにドラッグしてセル幅を広げます。

右方向へドラッグ →

	A	B	C
1	1E+08		
2			
3			

	A	B	C
1	100000000		
2			
3			

列の削除

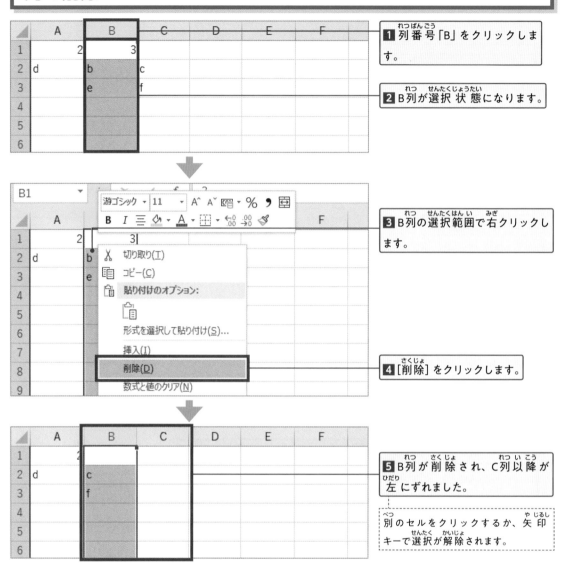

1 列番号「B」をクリックします。

2 B列が選択状態になります。

3 B列の選択範囲で右クリックします。

4 [削除] をクリックします。

5 B列が削除され、C列以降が左にずれました。

別のセルをクリックするか、矢印キーで選択が解除されます。

セルの挿入

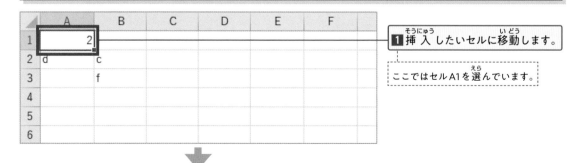

1 挿入したいセルに移動します。

ここではセルA1を選んでいます。

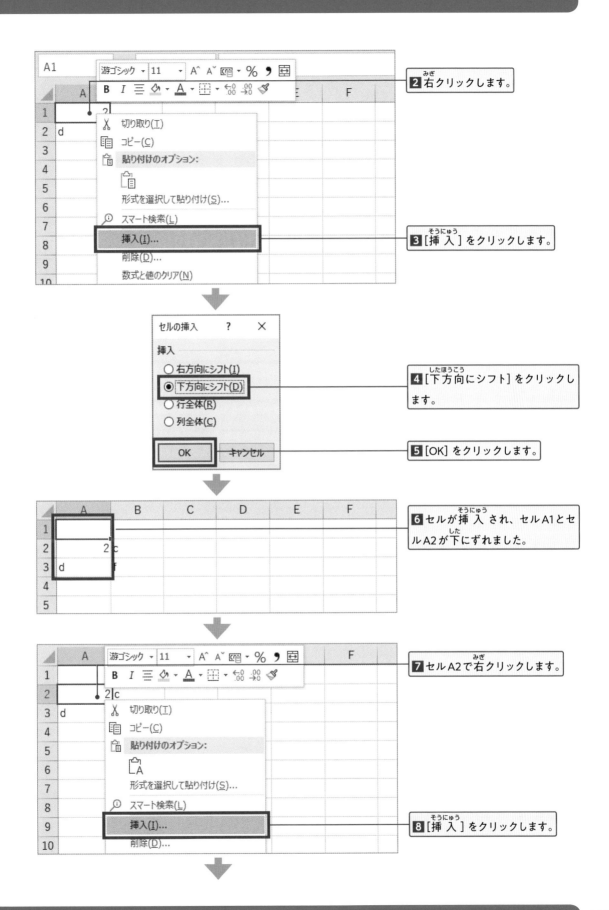

2 右クリックします。

3 [挿入] をクリックします。

4 [下方向にシフト] をクリックします。

5 [OK] をクリックします。

6 セルが挿入され、セルA1とセルA2が下にずれました。

7 セルA2で右クリックします。

8 [挿入] をクリックします。

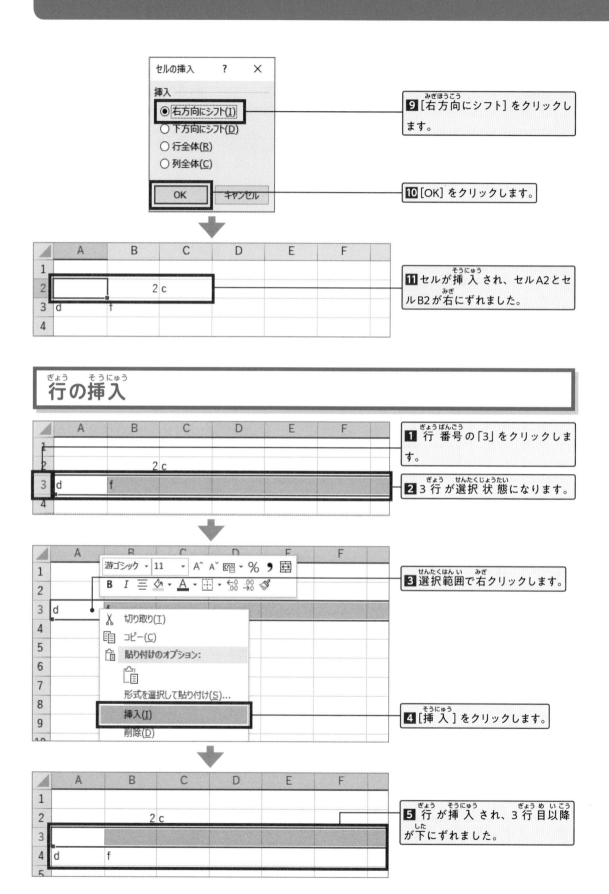

9 [右方向にシフト] をクリックします。

10 [OK] をクリックします。

11 セルが挿入され、セルA2とセルB2が右にずれました。

行の挿入

1 行番号の「3」をクリックします。

2 3行が選択状態になります。

3 選択範囲で右クリックします。

4 [挿入] をクリックします。

5 行が挿入され、3行目以降が下にずれました。

列の挿入

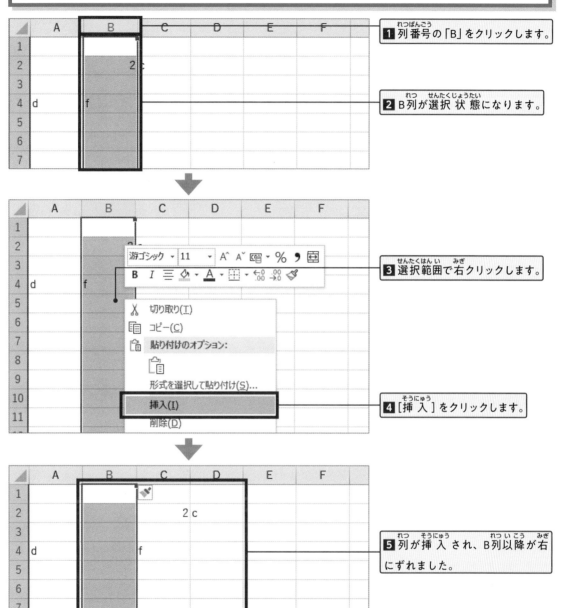

1 列番号の「B」をクリックします。

2 B列が選択状態になります。

3 選択範囲で右クリックします。

4 [挿入]をクリックします。

5 列が挿入され、B列以降が右にずれました。

Point リボンからの [削除] や [挿入]

セルの削除や挿入はリボンからも行えます。[ホーム] タブの [セル] グループには、[挿入] や [削除] ボタンがあり、[▼] をクリックすると、挿入方法や削除方法を選ぶことができます。

4-2-4 データのコピーと移動

セルに入力されているデータのコピーと移動を行います。

データのコピー（リボンのボタン）

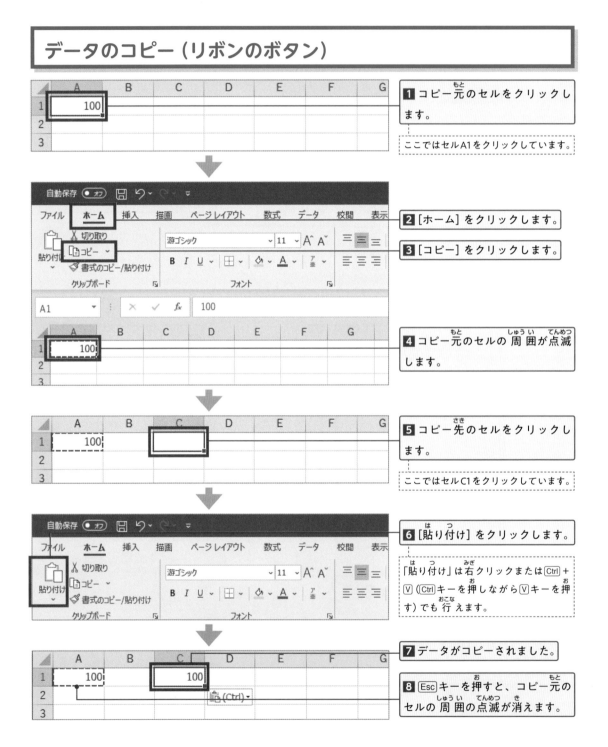

1 コピー元のセルをクリックします。

ここではセルA1をクリックしています。

2 [ホーム] をクリックします。

3 [コピー] をクリックします。

4 コピー元のセルの周囲が点滅します。

5 コピー先のセルをクリックします。

ここではセルC1をクリックしています。

6 [貼り付け] をクリックします。

「貼り付け」は右クリックまたは[Ctrl]＋[V]（[Ctrl]キーを押しながら[V]キーを押す）でも行えます。

7 データがコピーされました。

8 [Esc]キーを押すと、コピー元のセルの周囲の点滅が消えます。

データの移動 (リボンのボタン)

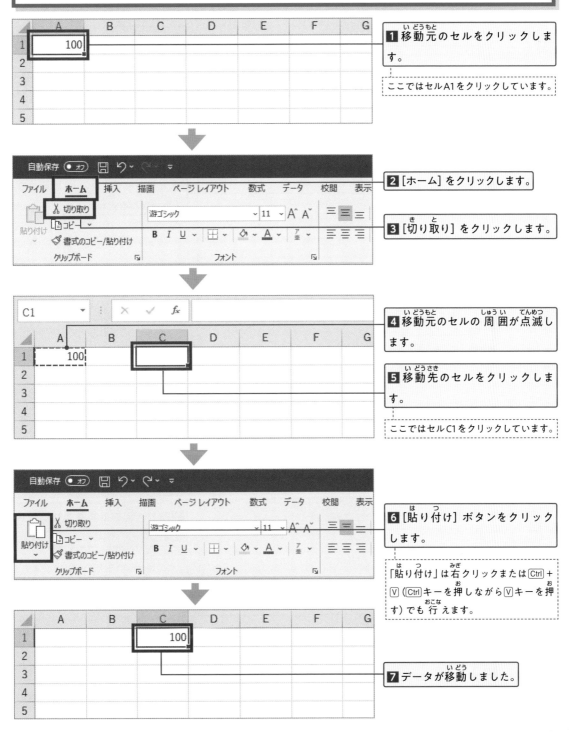

1 移動元のセルをクリックします。

ここではセルA1をクリックしています。

2 [ホーム] をクリックします。

3 [切り取り] をクリックします。

4 移動元のセルの周囲が点滅します。

5 移動先のセルをクリックします。

ここではセルC1をクリックしています。

6 [貼り付け] ボタンをクリックします。

「貼り付け」は右クリックまたは Ctrl + V (Ctrl キーを押しながら V キーを押す) でも行えます。

7 データが移動しました。

データの移動 (マウスドラッグ)

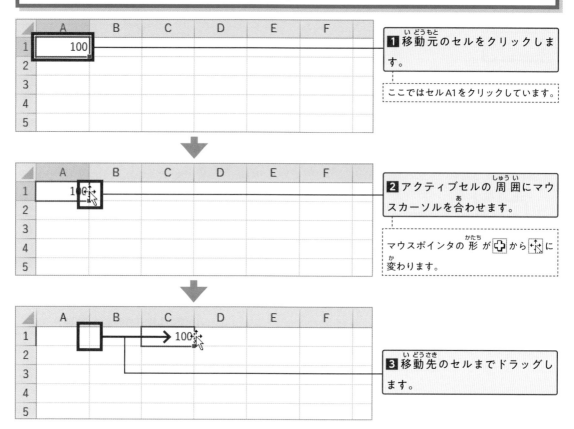

1 移動元のセルをクリックします。

ここではセルA1をクリックしています。

2 アクティブセルの周囲にマウスカーソルを合わせます。

マウスポインタの形が ⊞ から ✛ に変わります。

3 移動先のセルまでドラッグします。

データのコピー (マウスドラッグ)

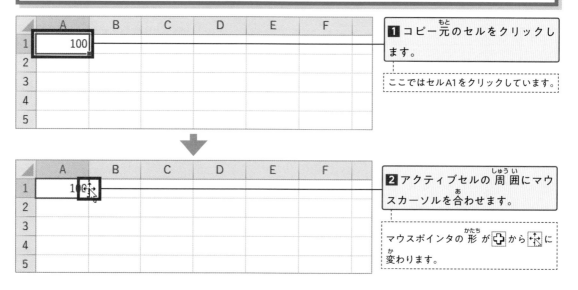

1 コピー元のセルをクリックします。

ここではセルA1をクリックしています。

2 アクティブセルの周囲にマウスカーソルを合わせます。

マウスポインタの形が ⊞ から ✛ に変わります。

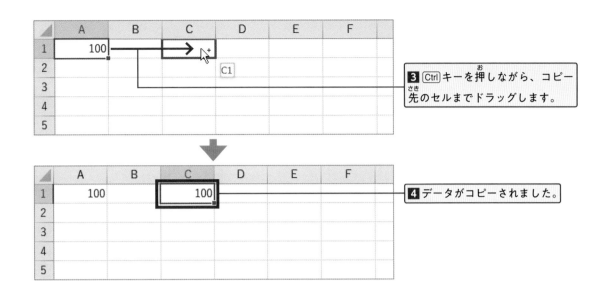

3 [Ctrl]キーを押しながら、コピー先のセルまでドラッグします。

4 データがコピーされました。

〔Point〕 **右クリックやショートカットキーによる操作**

「コピー」や「切り取り」「貼り付け」は、よく使う機能です。リボンからの操作だけでなく、右クリックやキーボードによるショートカットキーも、よく利用されています。覚えて使いこなしましょう。

●右クリックからの操作

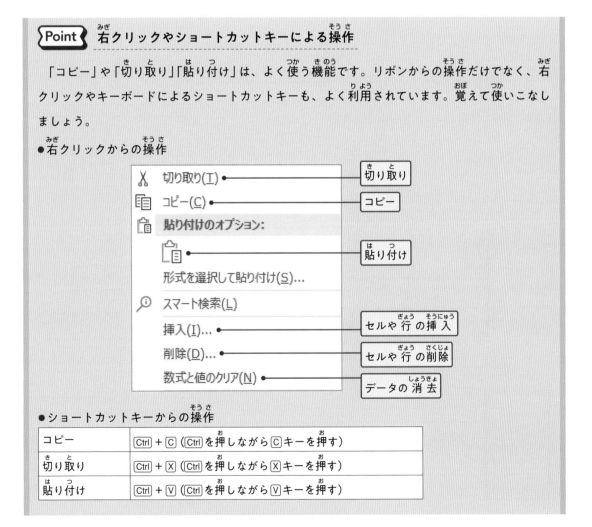

●ショートカットキーからの操作

コピー	[Ctrl] + [C] （[Ctrl]を押しながら[C]キーを押す）
切り取り	[Ctrl] + [X] （[Ctrl]を押しながら[X]キーを押す）
貼り付け	[Ctrl] + [V] （[Ctrl]を押しながら[V]キーを押す）

4-2-5 オートフィル

オートフィルを利用すると、データを効率的に入力できます。

同一データの入力

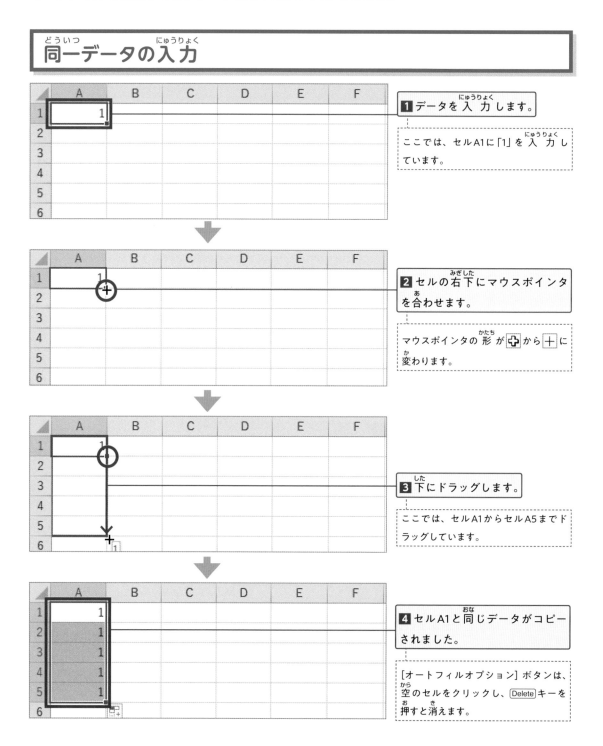

1 データを入力します。

ここでは、セルA1に「1」を入力しています。

2 セルの右下にマウスポインタを合わせます。

マウスポインタの形が ![] から ![] に変わります。

3 下にドラッグします。

ここでは、セルA1からセルA5までドラッグしています。

4 セルA1と同じデータがコピーされました。

[オートフィルオプション] ボタンは、空のセルをクリックし、[Delete] キーを押すと消えます。

連続データの入力

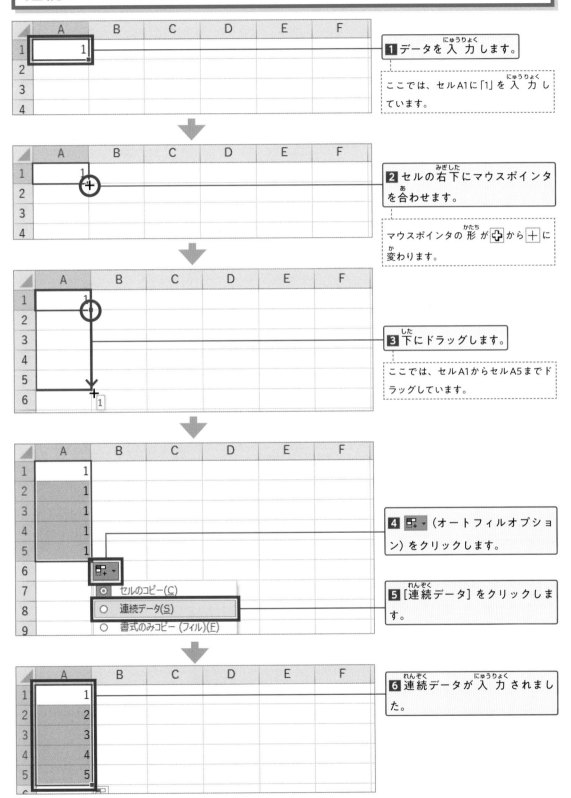

1 データを入力します。

ここでは、セルA1に「1」を入力しています。

2 セルの右下にマウスポインタを合わせます。

マウスポインタの形が ⊞ から ✛ に変わります。

3 下にドラッグします。

ここでは、セルA1からセルA5までドラッグしています。

4 ⊞▼ (オートフィルオプション) をクリックします。

5 [連続データ] をクリックします。

6 連続データが入力されました。

セルのコピー(C)
連続データ(S)
書式のみコピー (フィル)(F)

日付の連続入力

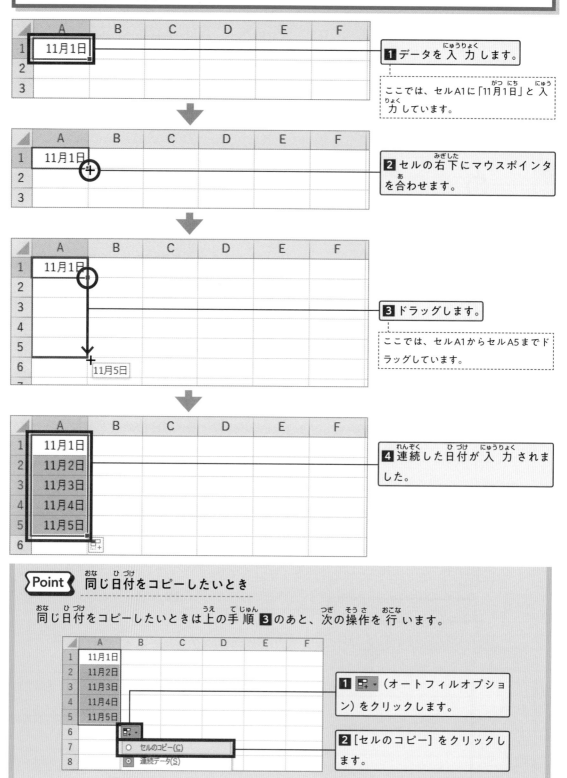

1 データを入力します。

ここでは、セルA1に「11月1日」と入力しています。

2 セルの右下にマウスポインタを合わせます。

3 ドラッグします。

ここでは、セルA1からセルA5までドラッグしています。

4 連続した日付が入力されました。

Point 同じ日付をコピーしたいとき

同じ日付をコピーしたいときは上の手順 **3** のあと、次の操作を行います。

1 （オートフィルオプション）をクリックします。

2 [セルのコピー] をクリックします。

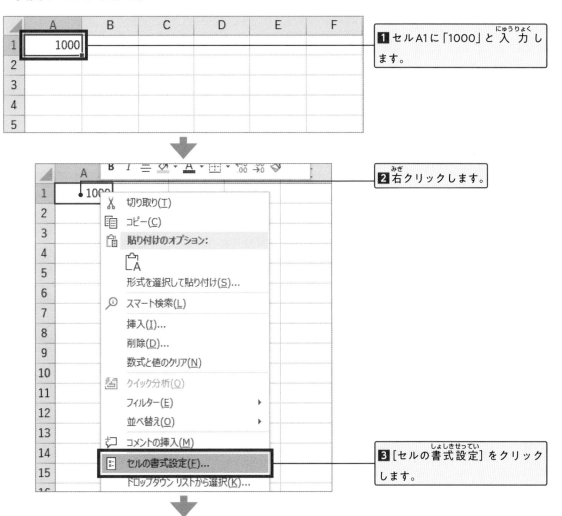

4-2-6 セルの表示形式

セルの表示形式を設定することで、自動的に日付や¥マーク、桁を表す「,」記号などがついた表示にすることができます。入力する前でも入力したあとでも可能です。

セルの表示形式を「通貨」に設定1

セルの表示形式にはさまざまな種類があります。入力したデータを「通貨」の表示形式に変更してみましょう。

1 セルA1に「1000」と入力します。

2 右クリックします。

3 [セルの書式設定] をクリックします。

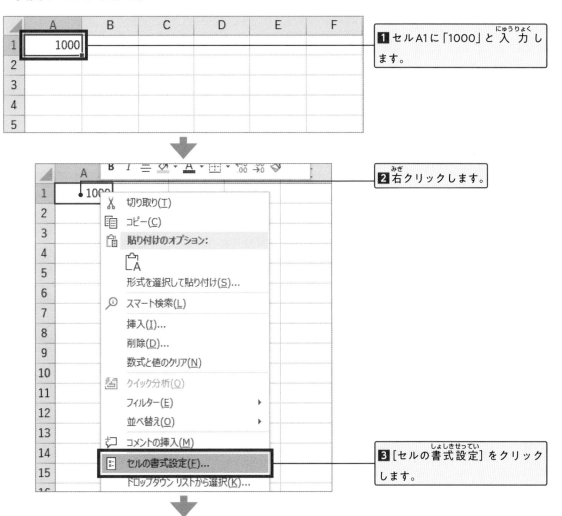

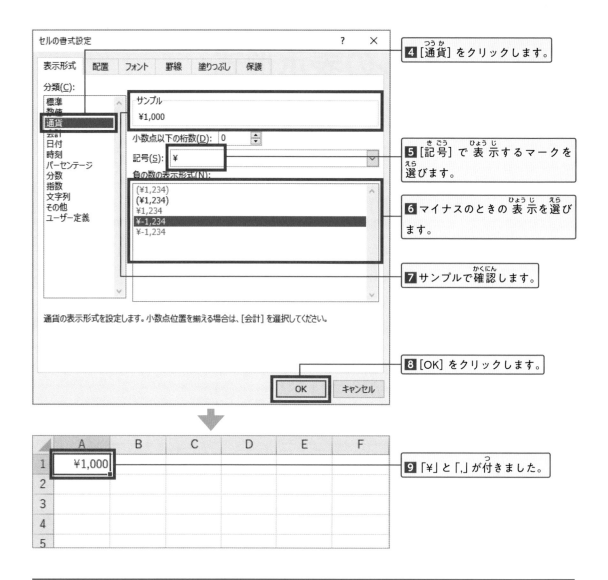

4 [通貨] をクリックします。

5 [記号] で表示するマークを選びます。

6 マイナスのときの表示を選びます。

7 サンプルで確認します。

8 [OK] をクリックします。

9 「¥」と「,」が付きました。

セルの表示形式を「通貨」に設定2

　空白のセルにも表示形式を設定することができます。セルB1とセルC1を「通貨」の表示形式にしてみましょう。

	A	B	C	D	E	F
1	¥1,000					
2						
3						
4						
5						

1 空白のセルB1とセルC1を選択します。

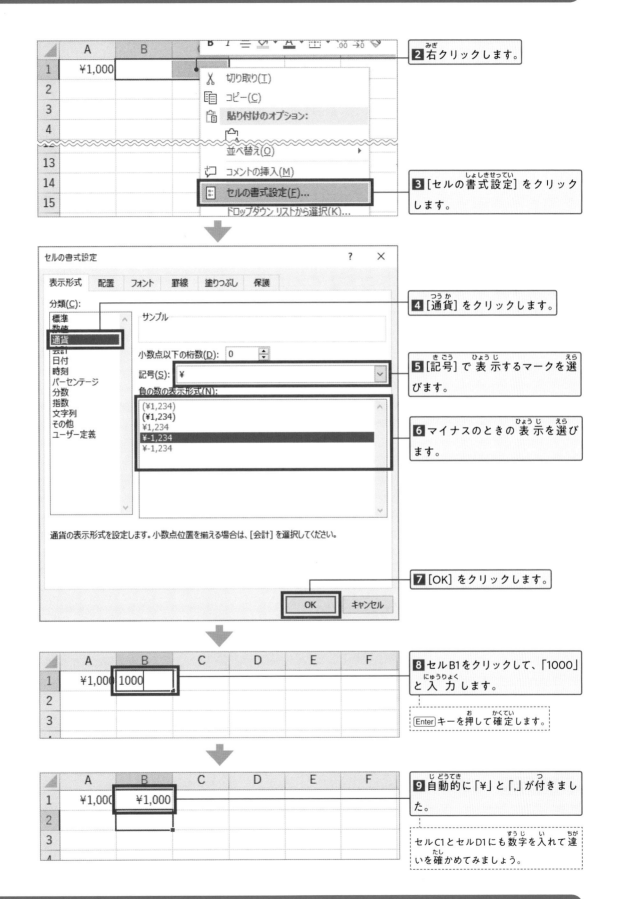

2 右クリックします。

3 [セルの書式設定] をクリックします。

4 [通貨] をクリックします。

5 [記号] で表示するマークを選びます。

6 マイナスのときの表示を選びます。

7 [OK] をクリックします。

8 セルB1をクリックして、「1000」と入力します。

Enter キーを押して確定します。

9 自動的に「¥」と「,」が付きました。

セルC1とセルD1にも数字を入れて違いを確かめてみましょう。

セルの表示形式を「日付」と「文字列」に設定

Excelはセルに入力した文字によって、自動的に表示形式を決めてしまうことがあります。たとえば、「1/1」と入力すると自動で日付に変換されます。もし、そのまま表示したいときは、表示形式に「文字列」を指定します。以下で、実際にやってみましょう。

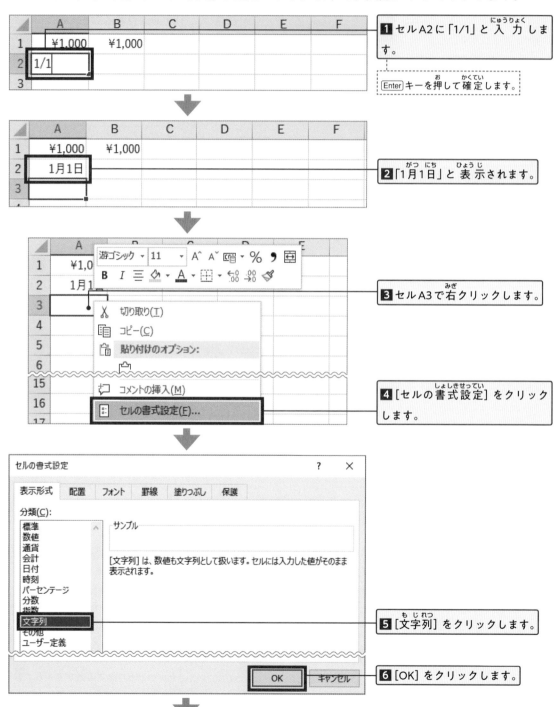

1 セルA2に「1/1」と入力します。

Enterキーを押して確定します。

2「1月1日」と表示されます。

3 セルA3で右クリックします。

4 [セルの書式設定] をクリックします。

5 [文字列] をクリックします。

6 [OK] をクリックします。

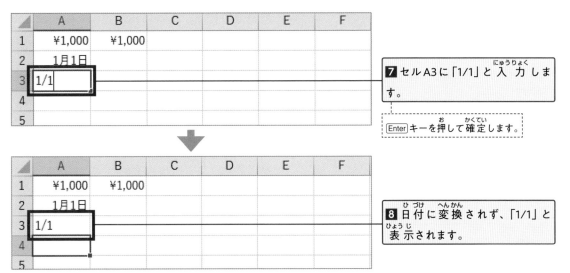

7 セルA3に「1/1」と入力します。

Enter キーを押して確定します。

8 日付に変換されず、「1/1」と表示されます。

>Point リボンから「セルの表示形式」を設定

　セルの表示形式は、リボンからも設定できます。[ホーム] タブの [数値] グループにあるボタンを使います。

● [ホーム] タブの [数値] グループ

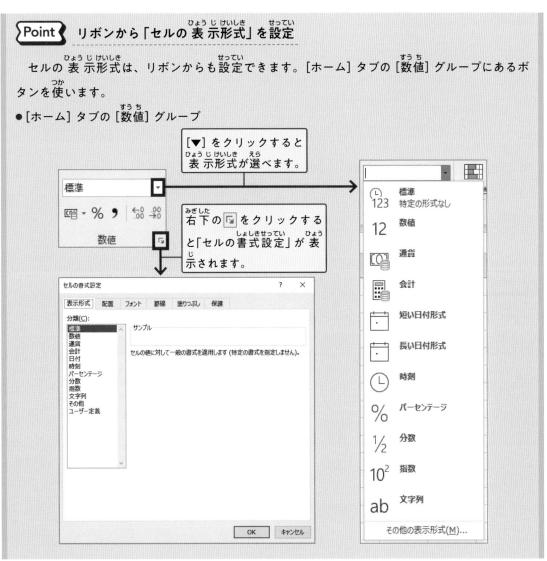

[▼] をクリックすると表示形式が選べます。

右下の 🔽 をクリックすると「セルの書式設定」が表示されます。

177

練習問題

課題1 都市別の月ごとの平均気温の表を作成してみましょう。日付はオートフィルを使用して入力してみましょう。

> **▶ 入力する文字**
> 都市別の月ごとの平均気温
> (℃) 1月〜12月
> 東京　名古屋　大阪

完成例

	A	B	C	D	E	F	G	H	I	J	K	L	M
1	都市別の月ごとの平均気温												
2													
3													(℃)
4		1月	2月	3月	4月	5月	6月	7月	8月	9月	10月	11月	12月
5	東京	4.7	5.4	8.4	13.9	18.4	21.5	25.2	26.7	22.9	17.3	12.3	7.4
6	名古屋	3.6	4.3	7.5	13.5	18	21.7	25.6	26.8	22.8	16.9	11.4	6.2
7	大阪	5.6	5.8	8.3	14.5	19.2	22.8	27	28	24.1	18.3	12.7	7.8
8													
9													
10													

完成例 4-2_課題1_完成例.xlsx

> **Point** オートフィルによる曜日入力
>
> 曜日（月、火、水、木、金、土）もオートフィルによる入力が行えます。

	A	B	C	D	E	F	G	H	I	J
1	月	火	水	木	金	土	日			
2										
3								○ セルのコピー(C)		
4								◉ 連続データ(S)		
5								○ 書式のみコピー (フィル)(F)		
6								○ 書式なしコピー (フィル)(O)		
7								○ 連続データ (日単位)(D)		
8								○ 連続データ (週日単位)(W)		
9										
10										
11										

4-3 表の作成と編集

ここでは、かんたんな表を作りながらセルの書式設定を学びます。表示形式、配置、フォント、罫線、塗りつぶしを学びます。

学ぶこと

→ 4-3-1 配置　→ 4-3-2 フォント　→ 4-3-3 罫線　→ 4-3-4 塗りつぶし

→ 4-3-5 表のスタイル　→ 4-3-6 表の検索と置換

→ 4-3-7 表の並べ替えとテーブルの解除

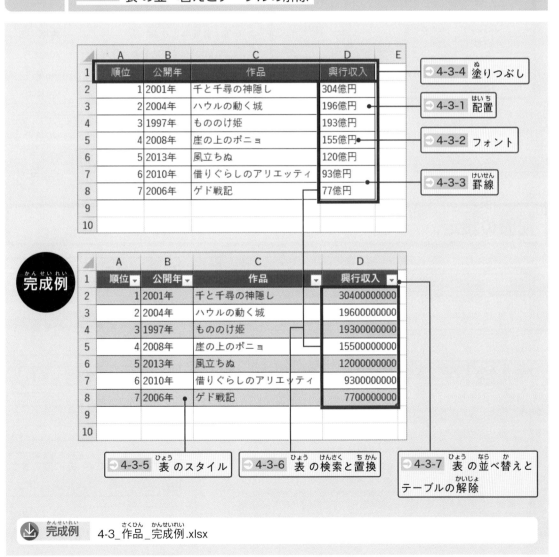

完成例

→ 4-3-4 塗りつぶし

→ 4-3-1 配置

→ 4-3-2 フォント

→ 4-3-3 罫線

→ 4-3-5 表のスタイル　→ 4-3-6 表の検索と置換　→ 4-3-7 表の並べ替えとテーブルの解除

完成例　4-3_作品_完成例.xlsx

179

4-3-1 配置
はいち

Excelで表の作り方を学びます。まずはセルに文字を入力し、それからセル内の文字の配置
の設定をします。配置の設定は通常はリボンから行い、より細かい設定は書式設定ダイアロ
グで行います。

セルに文字を入力

1 セルに入力します。

ここでは以下のように入力します。

順位	公開年	作品	興行収入
1	2001年	千と千尋の神隠し	304億円
2	2004年	ハウルの動く城	196億円
3	1997年	もののけ姫	193億円
4	2008年	崖の上のポニョ	155億円
5	2013年	風立ちぬ	120億円
6	2010年	借りぐらしのアリエッティ	93億円
7	2006年	ゲド戦記	77億円

配置の設定

1 配置を変更するセルを選択します。

ここではセルA1からセルD1を選択しています。

2 [ホーム]をクリックします。

3 ≡（中央揃え）をクリックします。

4 文字がセルの中央に揃いました。

ここをクリックすると[セルの書式設定]ダイアログの[配置]タブが表示されます。

Point リボンの[配置]グループ

リボンに用意されている[配置]グループには次のボタンの種類があります。

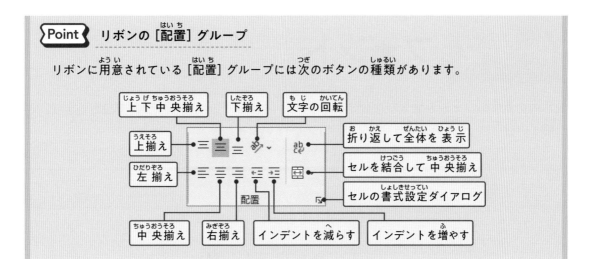

Point [セルの書式設定]ダイアログの[配置]タブ

[セルの書式設定]ダイアログの[配置]タブでは、より細かな設定が可能です。

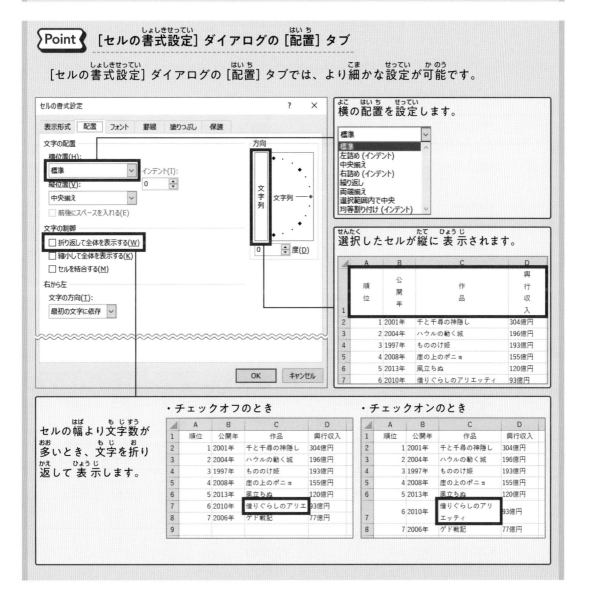

横の配置を設定します。

選択したセルが縦に表示されます。

セルの幅より文字数が多いとき、文字を折り返して表示します。

・チェックオフのとき

・チェックオンのとき

4-3-2 フォント

セル内の文字のフォントを太字に設定します。通常はリボンにあるボタンで設定します。より細かい設定は [セルの書式設定] ダイアログで行います。

太字に設定

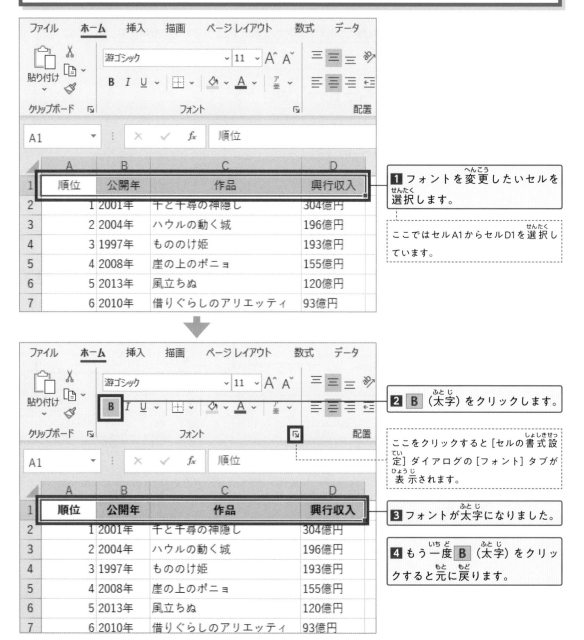

1 フォントを変更したいセルを選択します。

ここではセルA1からセルD1を選択しています。

2 **B** (太字) をクリックします。

ここをクリックすると [セルの書式設定] ダイアログの [フォント] タブが表示されます。

3 フォントが太字になりました。

4 もう一度 **B** (太字) をクリックすると元に戻ります。

Point リボンの [フォント] グループ

リボンに用意されている [フォント] グループには、次のボタンの種類があります。

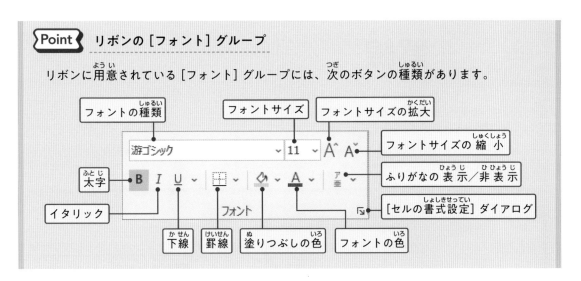

Point [セルの書式設定] ダイアログの [フォント] タブ

セルの書式設定ダイアログでは太字以外にも大きさや色、文字飾りなどを一度に指定できます。

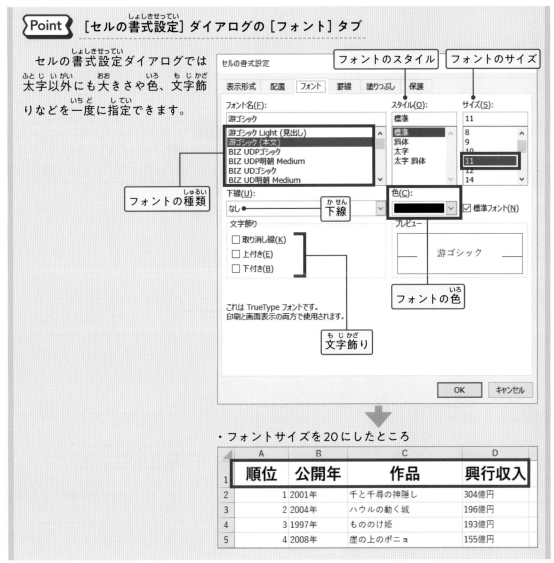

・フォントサイズを20にしたところ

	A	B	C	D
1	順位	公開年	作品	興行収入
2	1	2001年	千と千尋の神隠し	304億円
3	2	2004年	ハウルの動く城	196億円
4	3	1997年	もののけ姫	193億円
5	4	2008年	崖の上のポニョ	155億円

4-3-3 罫線

罫線の設定では表に線を入れることができます。

罫線の設定

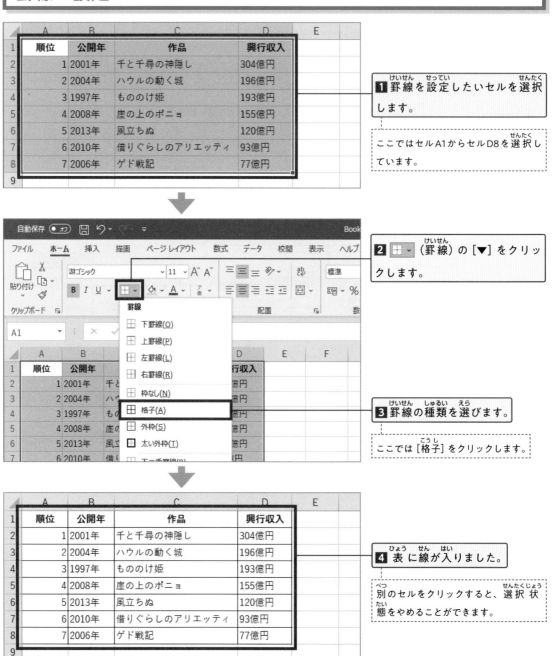

1 罫線を設定したいセルを選択します。

ここではセルA1からセルD8を選択しています。

2 ⊞▾ (罫線)の[▼]をクリックします。

3 罫線の種類を選びます。

ここでは[格子]をクリックします。

4 表に線が入りました。

別のセルをクリックすると、選択状態をやめることができます。

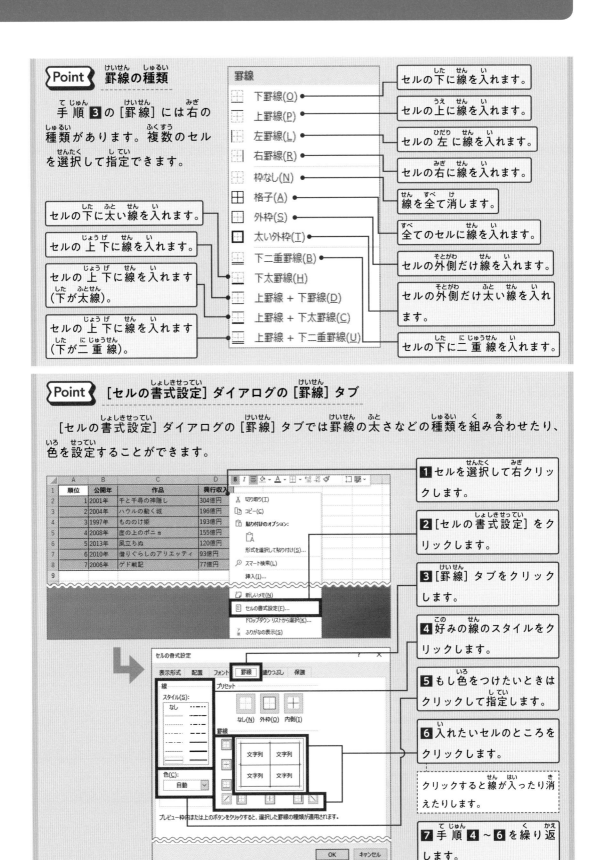

4-3-4 塗りつぶし

セルを指定した色で塗りつぶします。通常はリボンから設定します。[セルの書式設定] ダイアログでは色やグラデーションを一度に設定できます。

塗りつぶしの設定1 (リボンのボタン)

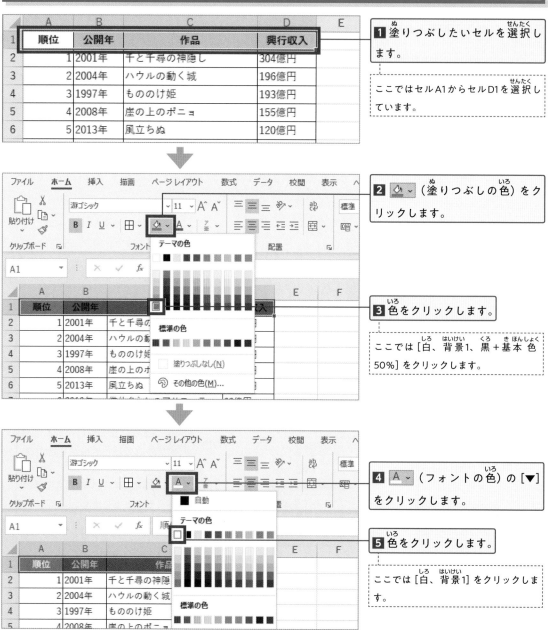

1 塗りつぶしたいセルを選択します。

> ここではセルA1からセルD1を選択しています。

2 🔽 (塗りつぶしの色) をクリックします。

3 色をクリックします。

> ここでは [白、背景1、黒＋基本色 50%] をクリックします。

4 A▾ (フォントの色) の [▼] をクリックします。

5 色をクリックします。

> ここでは [白、背景1] をクリックします。

塗りつぶしの設定2 (セルの書式設定)

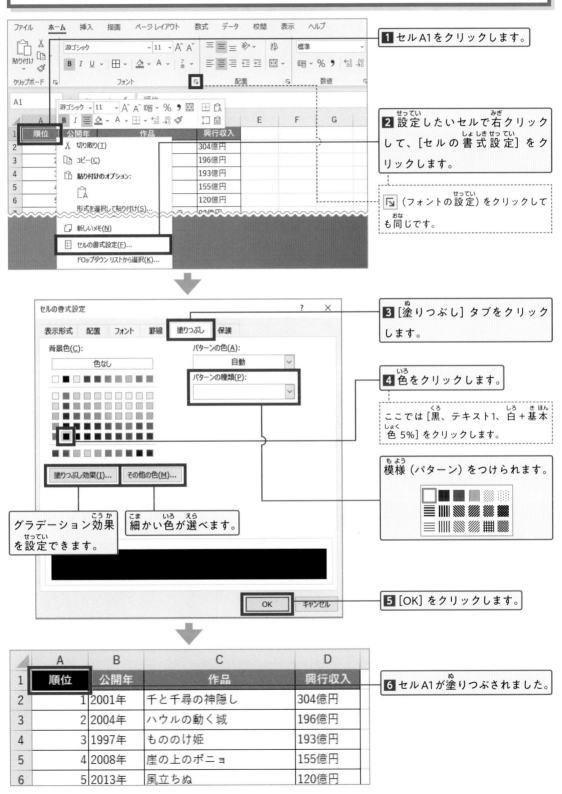

1 セルA1をクリックします。

2 設定したいセルで右クリックして、[セルの書式設定]をクリックします。

[≥] (フォントの設定) をクリックしても同じです。

3 [塗りつぶし] タブをクリックします。

4 色をクリックします。

ここでは [黒、テキスト1、白 + 基本色 5%] をクリックします。

模様 (パターン) をつけられます。

グラデーション効果を設定できます。

細かい色が選べます。

5 [OK] をクリックします。

6 セルA1が塗りつぶされました。

	A	B	C	D
1	順位	公開年	作品	興行収入
2	1	2001年	千と千尋の神隠し	304億円
3	2	2004年	ハウルの動く城	196億円
4	3	1997年	もののけ姫	193億円
5	4	2008年	崖の上のポニョ	155億円
6	5	2013年	風立ちぬ	120億円

4-3-5 表のスタイル

Excelに用意された [セルのスタイル] を利用して、表を手軽に見栄え良くする方法を学びます。

セルのスタイル設定

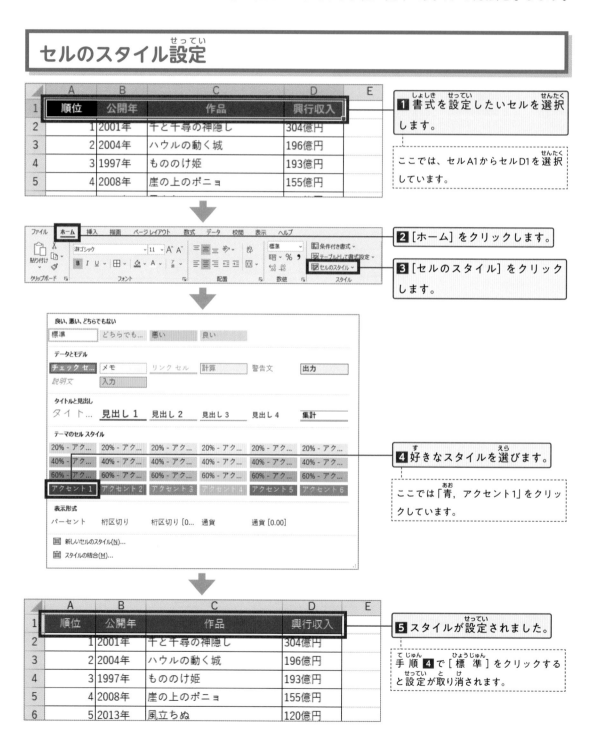

1 書式を設定したいセルを選択します。

ここでは、セルA1からセルD1を選択しています。

2 [ホーム] をクリックします。

3 [セルのスタイル] をクリックします。

4 好きなスタイルを選びます。

ここでは「青，アクセント1」をクリックしています。

5 スタイルが設定されました。

手順 4 で [標準] をクリックすると設定が取り消されます。

テーブルの作成と書式設定

　Excelは特定の表を「テーブル」に変換することで、表全体のスタイル（書式）を一度に設定できます。次の手順でやってみましょう。

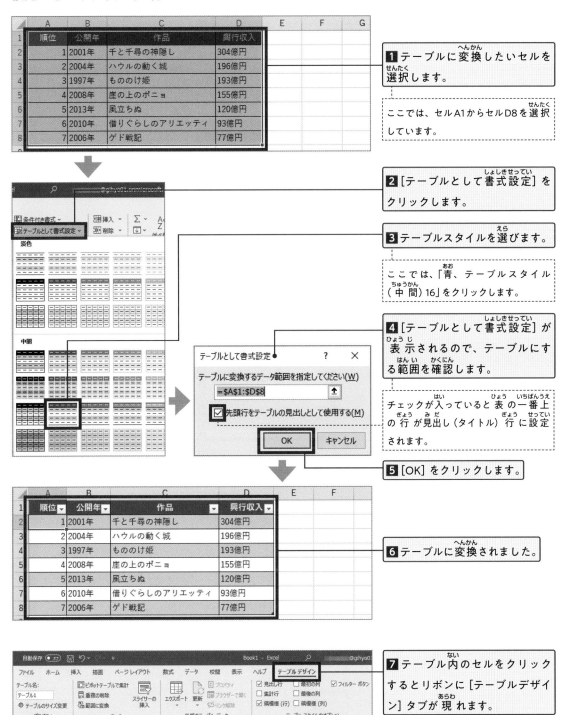

1 テーブルに変換したいセルを選択します。

ここでは、セルA1からセルD8を選択しています。

2 [テーブルとして書式設定] をクリックします。

3 テーブルスタイルを選びます。

ここでは、「青、テーブルスタイル（中間）16」をクリックします。

4 [テーブルとして書式設定] が表示されるので、テーブルにする範囲を確認します。

チェックが入っていると表の一番上の行が見出し（タイトル）行に設定されます。

5 [OK] をクリックします。

6 テーブルに変換されました。

7 テーブル内のセルをクリックするとリボンに [テーブルデザイン] タブが現れます。

4-3-6 表の検索と置換

セルの文字や数値を検索したり、別の文字や数字に置換してみましょう。

検索

特定のキーワードを含む文字を探すのが検索です。

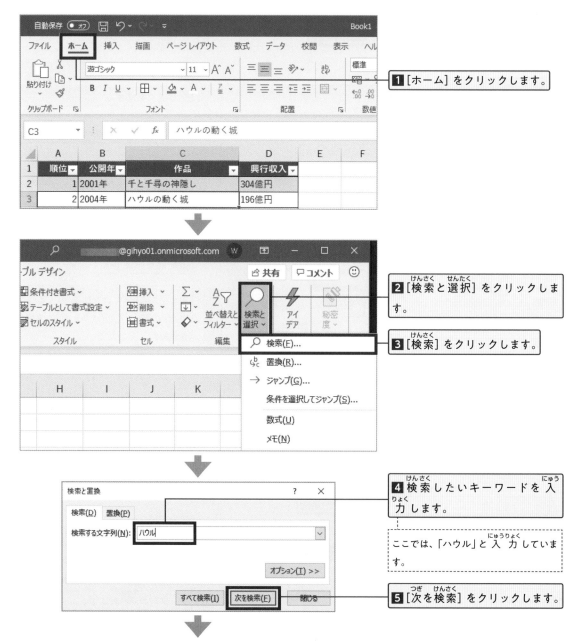

1 [ホーム]をクリックします。

2 [検索と選択]をクリックします。

3 [検索]をクリックします。

4 検索したいキーワードを入力します。

ここでは、「ハウル」と入力しています。

5 [次を検索]をクリックします。

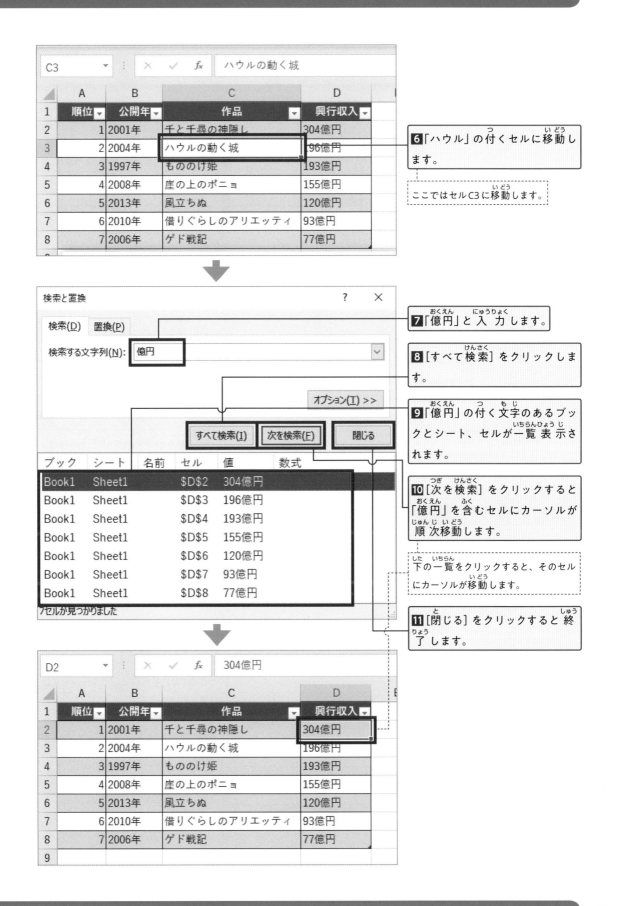

C3 | | × | ✓ | fx | ハウルの動く城

	A	B	C	D
1	順位	公開年	作品	興行収入
2	1	2001年	千と千尋の神隠し	304億円
3	2	2004年	ハウルの動く城	196億円
4	3	1997年	もののけ姫	193億円
5	4	2008年	崖の上のポニョ	155億円
6	5	2013年	風立ちぬ	120億円
7	6	2010年	借りぐらしのアリエッティ	93億円
8	7	2006年	ゲド戦記	77億円

6「ハウル」の付くセルに移動します。

ここではセルC3に移動します。

検索と置換　　　　　　　　　　　？　×

検索(D)　置換(P)

検索する文字列(N): 億円

オプション(I) >>

すべて検索(I)　次を検索(F)　閉じる

ブック	シート	名前	セル	値	数式
Book1	Sheet1		D2	304億円	
Book1	Sheet1		D3	196億円	
Book1	Sheet1		D4	193億円	
Book1	Sheet1		D5	155億円	
Book1	Sheet1		D6	120億円	
Book1	Sheet1		D7	93億円	
Book1	Sheet1		D8	77億円	

7セルが見つかりました

7「億円」と入力します。

8[すべて検索]をクリックします。

9「億円」の付く文字のあるブックとシート、セルが一覧表示されます。

10[次を検索]をクリックすると「億円」を含むセルにカーソルが順次移動します。

下の一覧をクリックすると、そのセルにカーソルが移動します。

11[閉じる]をクリックすると終了します。

D2 | | × | ✓ | fx | 304億円

	A	B	C	D
1	順位	公開年	作品	興行収入
2	1	2001年	千と千尋の神隠し	304億円
3	2	2004年	ハウルの動く城	196億円
4	3	1997年	もののけ姫	193億円
5	4	2008年	崖の上のポニョ	155億円
6	5	2013年	風立ちぬ	120億円
7	6	2010年	借りぐらしのアリエッティ	93億円
8	7	2006年	ゲド戦記	77億円
9				

置換
ち かん

「置換」とは、検索した文字を別の文字に置き換えることです。
ち かん　　　　 けんさく　　もじ　　べつ　もじ　お　か

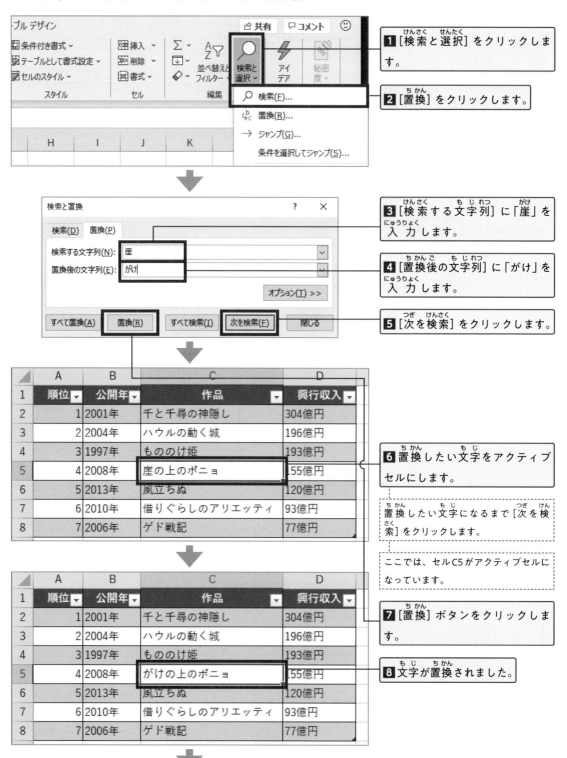

1 [検索と選択] をクリックします。
けんさく　せんたく

2 [置換] をクリックします。
ち かん

3 [検索する文字列] に「崖」を
けんさく　　もじ れつ　　　がけ
入力します。
にゅうりょく

4 [置換後の文字列] に「がけ」を
ち かん ご　もじ れつ
入力します。
にゅうりょく

5 [次を検索] をクリックします。
つぎ　けんさく

6 置換したい文字をアクティブ
ち かん　　　もじ
セルにします。

置換したい文字になるまで [次を検
ち かん　　　 もじ　　　　　　　　つぎ　けん
索] をクリックします。
さく

ここでは、セルC5がアクティブセルに
なっています。

7 [置換] ボタンをクリックしま
ち かん
す。

8 文字が置換されました。
もじ　ち かん

192

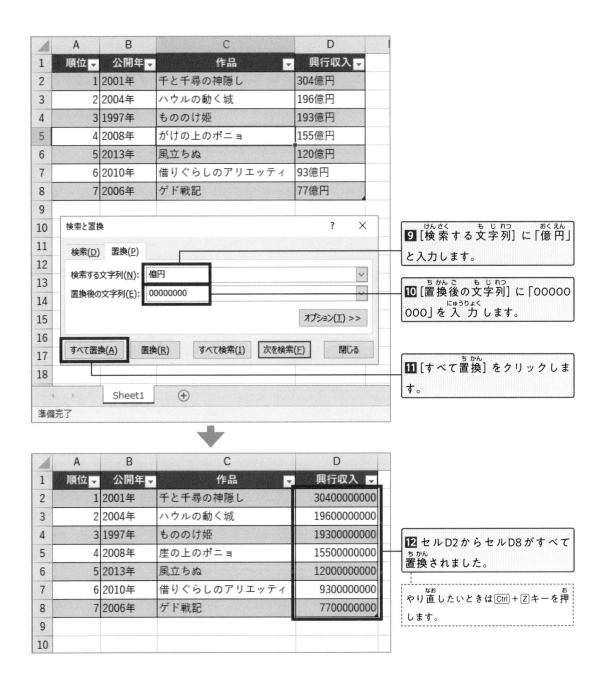

	A	B	C	D	
1	順位	公開年	作品	興行収入	
2	1	2001年	千と千尋の神隠し	304億円	
3	2	2004年	ハウルの動く城	196億円	
4	3	1997年	もののけ姫	193億円	
5	4	2008年	がけの上のポニョ	155億円	
6	5	2013年	風立ちぬ	120億円	
7	6	2010年	借りぐらしのアリエッティ	93億円	
8	7	2006年	ゲド戦記	77億円	
9					

検索と置換

検索(D)　置換(P)

検索する文字列(N): 億円

置換後の文字列(E): 00000000

オプション(I) >>

すべて置換(A)　置換(R)　すべて検索(I)　次を検索(F)　閉じる

Sheet1

準備完了

9 ［検索する文字列］に「億円」と入力します。

10 ［置換後の文字列］に「00000000」を入力します。

11 ［すべて置換］をクリックします。

	A	B	C	D
1	順位	公開年	作品	興行収入
2	1	2001年	千と千尋の神隠し	30400000000
3	2	2004年	ハウルの動く城	19600000000
4	3	1997年	もののけ姫	19300000000
5	4	2008年	崖の上のポニョ	15500000000
6	5	2013年	風立ちぬ	12000000000
7	6	2010年	借りぐらしのアリエッティ	9300000000
8	7	2006年	ゲド戦記	7700000000
9				
10				

12 セルD2からセルD8がすべて置換されました。

やり直したいときは Ctrl + Z キーを押します。

> **Point** 検索と置換のショートカット
>
> 検索と置換はショートカットもよく利用するので、ぜひ覚えましょう。Excelだけでなく、Wordなど、Microsoft Offce共通の操作なので、覚えておくととても便利です。
>
> 検索：Ctrl + F （Ctrl キーを押しながら F キーを押す）
> 置換：Ctrl + H （Ctrl キーを押しながら H キーを押す）

4-3-7 表の並べ替えとテーブルの解除

テーブルによる表の並べ替えと、テーブルの解除を学びます。

テーブルによる並べ替え

テーブルに変換した表は手軽に並べ替えできます。

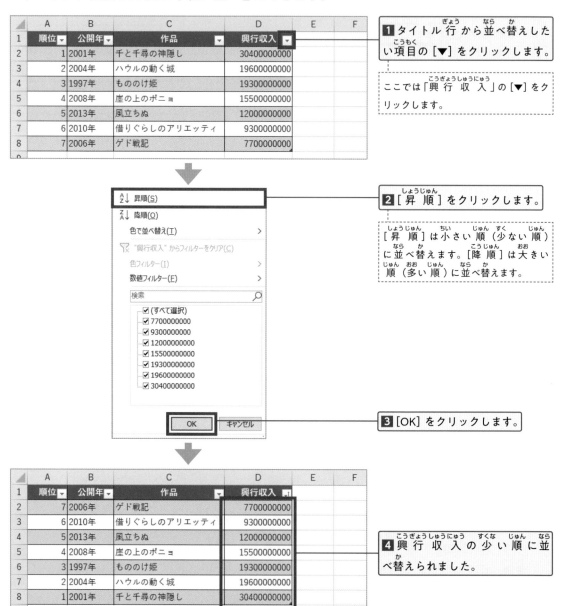

1 タイトル行から並べ替えしたい項目の［▼］をクリックします。

ここでは「興行収入」の［▼］をクリックします。

2 ［昇順］をクリックします。

［昇順］は小さい順（少ない順）に並べ替えます。［降順］は大きい順（多い順）に並べ替えます。

3 ［OK］をクリックします。

4 興行収入の少ない順に並べ替えられました。

テーブルの解除

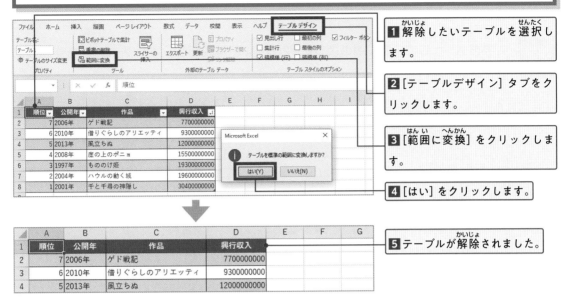

1 解除したいテーブルを選択します。

2 [テーブルデザイン] タブをクリックします。

3 [範囲に変換] をクリックします。

4 [はい] をクリックします。

5 テーブルが解除されました。

Point テーブルに変換していない表の並べ替え

テーブルに変換していない表の並べ替えはリボンから行います。表を「順位」の順に並べ替えてみましょう。

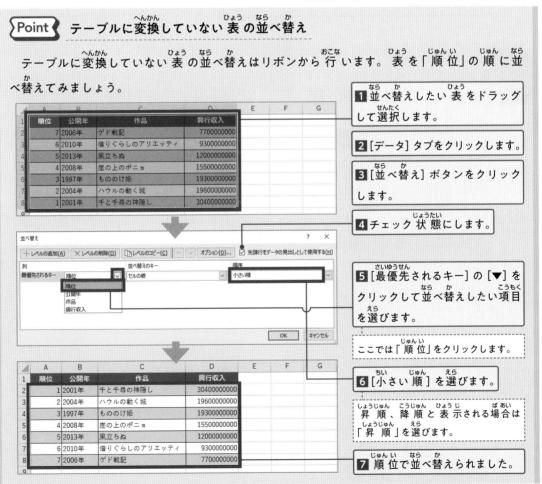

1 並べ替えしたい表をドラッグして選択します。

2 [データ] タブをクリックします。

3 [並べ替え] ボタンをクリックします。

4 チェック状態にします。

5 [最優先されるキー] の [▼] をクリックして並べ替えしたい項目を選びます。

ここでは「順位」をクリックします。

6 [小さい順] を選びます。

昇順、降順と表示される場合は「昇順」を選びます。

7 順位で並べ替えられました。

練習問題

課題1 文字を入力して、完成例のように「2016年日本映画ランキング」の表を作成しましょう。

▶ 入力する文字

2016年	日本映画ランキング	
順位	作品名	興行収入
1	君の名は	235億円
2	シン・ゴジラ	82億円
3	名探偵コナン　純黒の悪夢	55億円
4	妖怪ウォッチエンマ大王と5つの物語だニャン！	55億円
5	ONE PIECE FILM GOLD	51億円

▶ 設定
テーブル：オレンジ、テーブルスタイル（中間）10

完成例

	A	B	C
1	2016年　日本映画ランキング		
2			
3	順位	作品名	興行収入
4	1	君の名は	235億円
5	2	シン・ゴジラ	82億円
6	3	名探偵コナン　純黒の悪夢	63億円
7	4	妖怪ウォッチエンマ大王と5つの物語だニャン！	55億円
8	5	ONE PIECE FILM GOLD	51億円
9			
10			
11			

⬇ **完成例** 4-3_課題1_完成例.xlsx

4-4 数式と参照
すうしき さんしょう

Excelは表計算を行うアプリケーションです。ここでは、表を用いた合計や平均などのかんたんな表計算をやってみます。そして、「相対参照」「絶対参照」「複合参照」という3種類のセル参照について学びます。

 学ぶこと

→ 4-4-1 合計の計算 → 4-4-2 関数を使った合計や平均の計算 → 4-4-3 相対参照

→ 4-4-4 絶対参照 → 4-4-5 複合参照

完成例

能力テスト評価表

→ 4-4-1 合計の計算

→ 4-4-2 関数を使った合計や平均の計算

N14

	A	B	C	D	E	F	G
1	能力テスト評価表						
2							
3	学生番号	氏名	言語	非言語	英語	性格テスト	合計
4	1	安藤　健太	22	18	25	20	85
5	2	井上　樹里	18	25	20	21	84
6	3	上野　しずき	19	22	24	22	87
7	4	江村　義人	25	20	欠席	18	63
8	5	小川　王太郎	23	欠席	15	20	58
9		平均点	21.4	21.25	21	20.2	75.4
10							
11							

ハワイ旅行お土産リスト

L8

	A	B	C	D	E
1	ハワイ旅行お土産リスト				
2					
3	品名	単価($)	数量	計($)	金額(円)
4	マカダミアチョコレート	8.2	10	82	9020
5	コナコーヒー	7.5	5	37.5	4125
6	ハワイアンクッキー	9.3	8	74.4	8184
7	マカダミアナッツ	6.5	12	78	8580
8					
9	1ドル	110			
10					
11					

ホテルグレート代金表

J12

	A	B	C	D	E
1	ホテルグレート代金表				
2					
3	基本料金	¥15,000			
4					
5			エコノミー	スタンダード	エグゼクティブ
6			¥0	¥5,000	¥10,000
7	食事なし	¥0	¥15,000	¥20,000	¥25,000
8	食事あり	¥1,500	¥16,500	¥21,500	¥26,500
9					
10					
11					

→ 4-4-3 相対参照　　→ 4-4-4 絶対参照　　→ 4-4-5 複合参照

 完成例　4-4_テスト_完成例.xlsx、4-4_ハワイ_完成例.xlsx、4-4_ホテル_完成例.xlsx

4-4-1 合計の計算

Excelでは最初に「＝」をつけると式とみなします。表を使って、生徒の点数を合計してみましょう。合計の計算には直接入力する方法やクリックして選ぶ方法など複数のやり方があります。

セルに数式を入力する方法

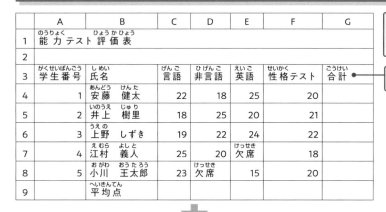

1 次のように入力して表を作成します。

塗りつぶし：薄い緑

	A	B	C	D	E	F	G
1	能力テスト評価表						
2							
3	学生番号	氏名	言語	非言語	英語	性格テスト	合計
4	1	安藤 健太	22	18	25	20	
5	2	井上 樹里	18	25	20	21	
6	3	上野 しずき	19	22	24	22	
7	4	江村 義人	25	20	欠席	18	
8	5	小川 王太郎	23	欠席	15	20	
9		平均点					

2 セルG4に「＝c4+d4+e4+f4」と半角で入力して、Enter キーを押します。

半角/全角 キーを押すと半角に切り替えられます。

小文字で入力しても確定すると自動的に大文字に変換されます。

3 セルG4に計算結果の「85」が表示されます。

4 数式バーには計算式が表示されます。

最初に「＝」がついているので、式とみなされ、入力したセルには計算結果が表示されます。

計算したいセルをクリックして数式を入力する方法

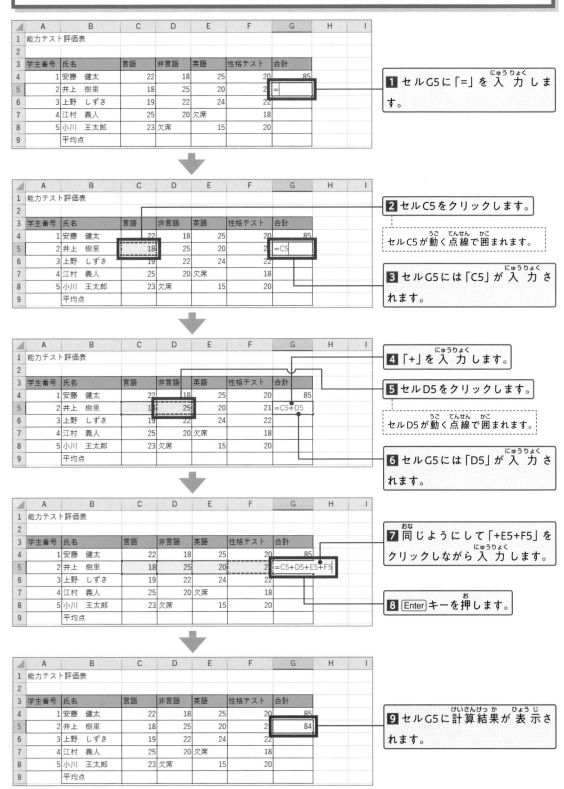

1 セルG5に「=」を入力します。

2 セルC5をクリックします。

セルC5が動く点線で囲まれます。

3 セルG5には「C5」が入力されます。

4 「+」を入力します。

5 セルD5をクリックします。

セルD5が動く点線で囲まれます。

6 セルG5には「D5」が入力されます。

7 同じようにして「+E5+F5」をクリックしながら入力します。

8 Enterキーを押します。

9 セルG5に計算結果が表示されます。

4-4-2 関数を使った合計や平均の計算

Excelの強力な機能のひとつに「関数」があります。Excelには計算に役立つ数多くの関数が用意されています。関数については4-6で詳しく学習しますが、ここでは代表的な「合計」と「平均」の関数を学びます。

オートSUMを使った合計の計算方法1

［オートSUM］を使ってドラッグした範囲の合計を計算します。

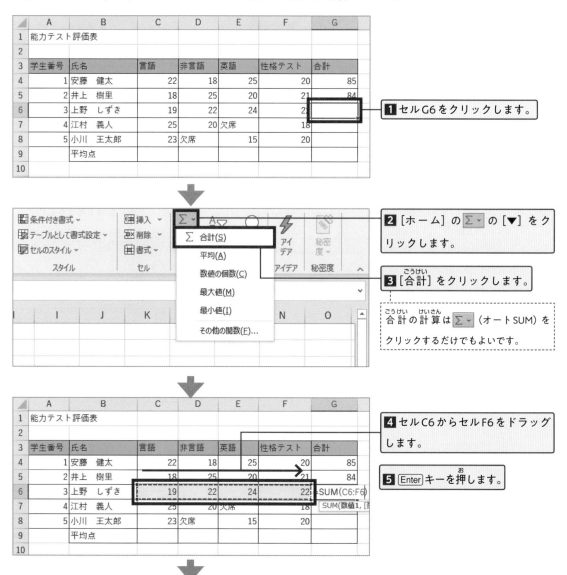

1 セルG6をクリックします。

2 ［ホーム］の Σ の［▼］をクリックします。

3 ［合計］をクリックします。

合計の計算は Σ （オートSUM）をクリックするだけでもよいです。

4 セルC6からセルF6をドラッグします。

5 Enter キーを押します。

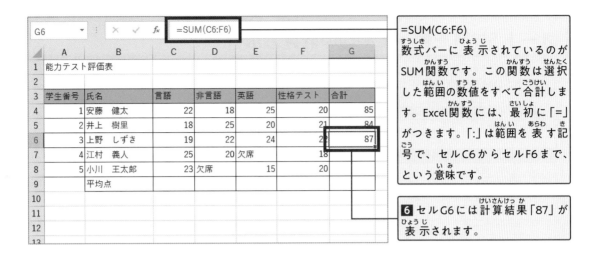

=SUM(C6:F6)
数式バーに表示されているのがSUM関数です。この関数は選択した範囲の数値をすべて合計します。Excel関数には、最初に「=」がつきます。「:」は範囲を表す記号で、セルC6からセルF6まで、という意味です。

6 セルG6には計算結果「87」が表示されます。

オートSUMを使った合計の計算方法2

先に範囲をドラッグして、あとから [オートSUM] をクリックしても合計を計算できます。

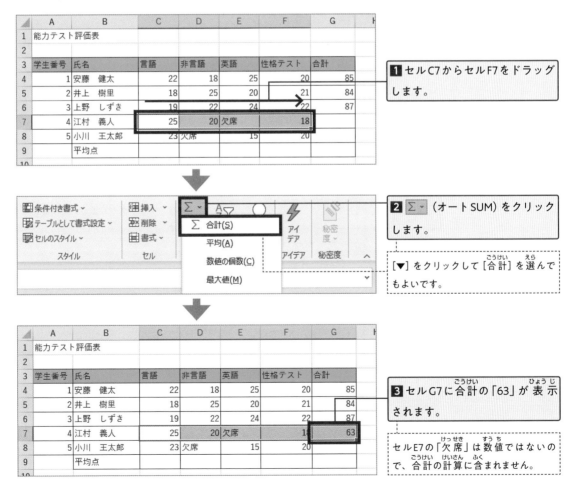

1 セルC7からセルF7をドラッグします。

2 Σ▼ (オートSUM) をクリックします。

[▼] をクリックして [合計] を選んでもよいです。

3 セルG7に合計の「63」が表示されます。

セルE7の「欠席」は数値ではないので、合計の計算に含まれません。

オートSUMを使った平均の計算方法

［オートSUM］を使って平均を計算してみましょう。

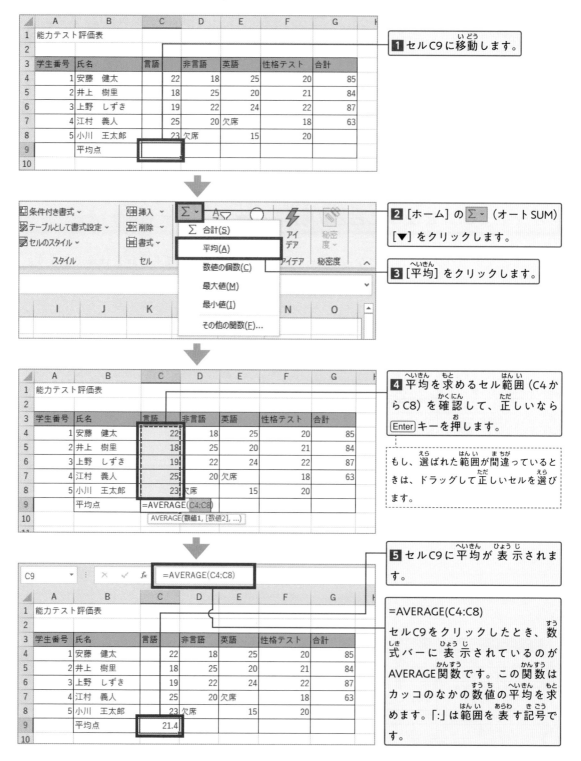

1 セルC9に移動します。

2 ［ホーム］の Σ▾（オートSUM）［▼］をクリックします。

3 ［平均］をクリックします。

4 平均を求めるセル範囲（C4からC8）を確認して、正しいなら Enter キーを押します。

もし、選ばれた範囲が間違っているときは、ドラッグして正しいセルを選びます。

5 セルC9に平均が表示されます。

=AVERAGE(C4:C8)
セルC9をクリックしたとき、数式バーに表示されているのがAVERAGE関数です。この関数はカッコのなかの数値の平均を求めます。「:」は範囲を表す記号です。

セルに関数を直接入力する計算方法

Excel関数は直接セルに入力することができます。関数には範囲を表す記号「:」以外にも、「=SUM(C6,F7)」のように、セルを1つずつ指定する「,」記号があります。また、Excel関数を使わない計算も可能です。下のように式を入力してみましょう。

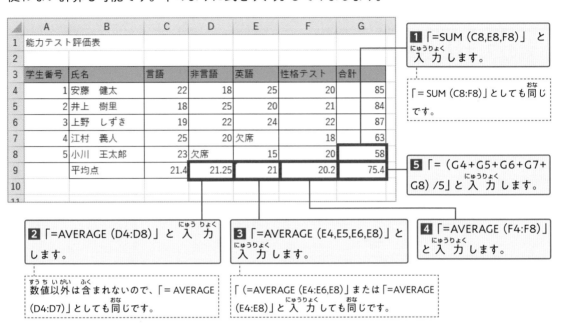

1 「=SUM (C8,E8,F8)」と入力します。

「=SUM (C8:F8)」としても同じです。

5 「=(G4+G5+G6+G7+G8)/5」と入力します。

2 「=AVERAGE (D4:D8)」と入力します。

数値以外は含まれないので、「=AVERAGE (D4:D7)」としても同じです。

3 「=AVERAGE (E4,E5,E6,E8)」と入力します。

「(=AVERAGE (E4:E6,E8)」または「=AVERAGE (E4:E8)」と入力しても同じです。

4 「=AVERAGE (F4:F8)」と入力します。

> **Point** 関数の入力を省略する方法

「=aver」などと関数を入力している途中で、メニューが表示されることがあります。

メニューから目的の関数をダブルクリックするか、↑↓キーで選んで Tab キーを押すと、残りの文字を自動で入力してくれます。

4-4-3 相対参照

相対参照では、式を入力したセルを、別のセルにコピーすると、セルの参照先が変わります。セルに式を入力し、別のセルにコピーして、試してみましょう。

式の入力と相対参照

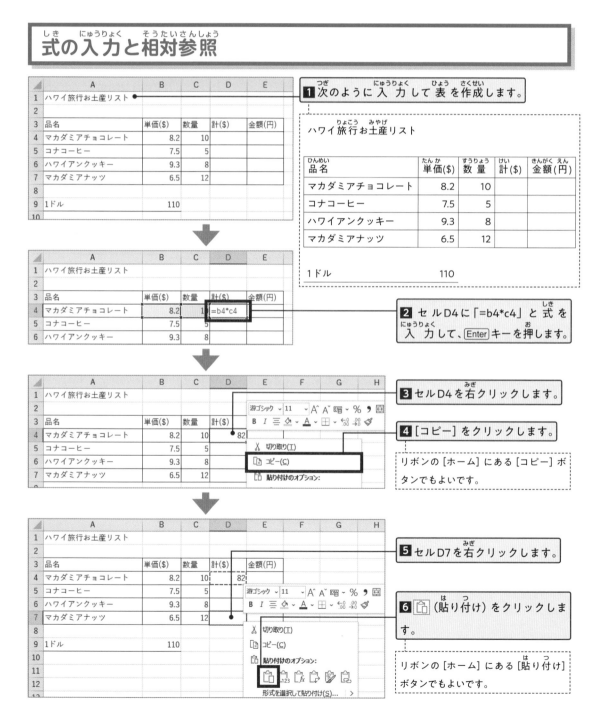

1 次のように入力して表を作成します。

ハワイ旅行お土産リスト

品名	単価($)	数量	計($)	金額(円)
マカダミアチョコレート	8.2	10		
コナコーヒー	7.5	5		
ハワイアンクッキー	9.3	8		
マカダミアナッツ	6.5	12		

| 1ドル | | 110 | | |

2 セルD4に「=b4*c4」と式を入力して、Enterキーを押します。

3 セルD4を右クリックします。

4 [コピー]をクリックします。

リボンの[ホーム]にある[コピー]ボタンでもよいです。

5 セルD7を右クリックします。

6 □(貼り付け)をクリックします。

リボンの[ホーム]にある[貼り付け]ボタンでもよいです。

セルD4の式は「B4×C4」なのでセルの参照先はB4とC4です。この式をセルD7に貼り付けると、式の内容が「B7×C7」になっています。セルD7からの参照先が、B7とC7に自動的に変更されるのです。これを相対参照といいます。

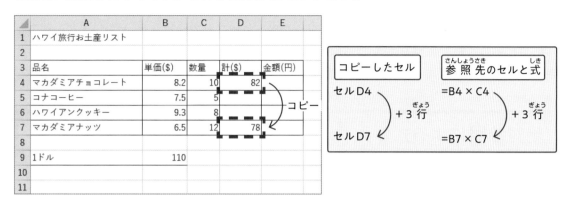

オートフィルによる式の入力と相対参照

オートフィルを使って式をコピーしてみましょう。

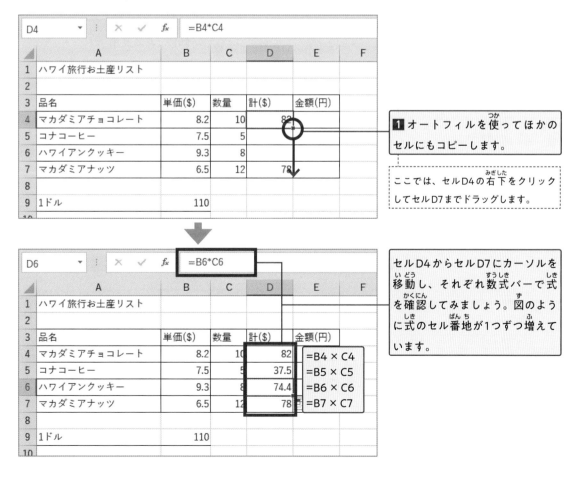

1 オートフィルを使ってほかのセルにもコピーします。

ここでは、セルD4の右下をクリックしてセルD7までドラッグします。

セルD4からセルD7にカーソルを移動し、それぞれ数式バーで式を確認してみましょう。図のように式のセル番地が1つずつ増えています。

4-4-4 　絶対参照

式を入力する際、セルの参照先に「$」マークを入れることで絶対参照となります。別のセルにコピーしても、参照先が変わらないのが絶対参照です。常に同じセルを参照したいときに便利です。

絶対参照による式の入力

絶対参照を使って、金額（円）を計算してみましょう。1ドルは110（円）としています。式は、「計（$）」×「110（円）」となります。

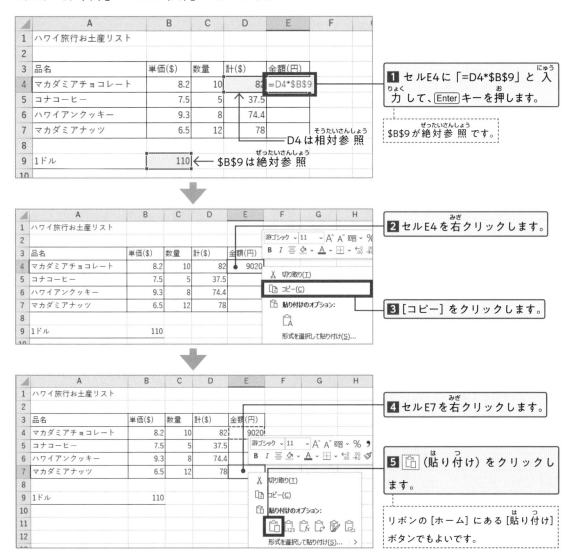

1 セルE4に「=D4*B9」と入力して、Enterキーを押します。

B9が絶対参照です。

D4は相対参照

B9は絶対参照

2 セルE4を右クリックします。

3 [コピー] をクリックします。

4 セルE7を右クリックします。

5 （貼り付け）をクリックします。

リボンの [ホーム] にある [貼り付け] ボタンでもよいです。

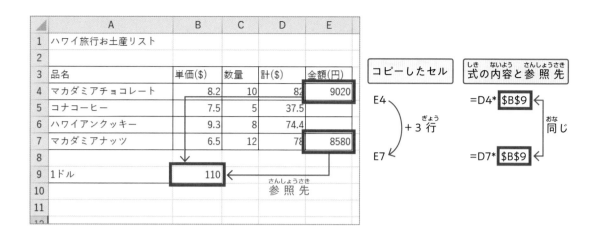

オートフィルによる式の入力と絶対参照

オートフィルを使って式をコピーしてみましょう。

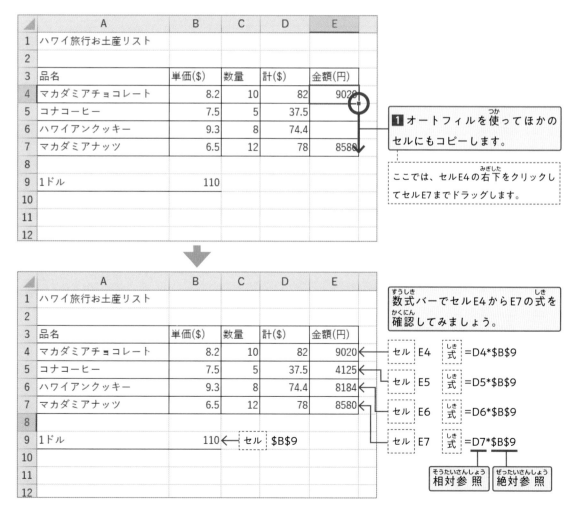

1 オートフィルを使ってほかのセルにもコピーします。

ここでは、セルE4の右下をクリックしてセルE7までドラッグします。

数式バーでセルE4からE7の式を確認してみましょう。

	セル		式
	E4		=D4*B9
	E5		=D5*B9
	E6		=D6*B9
	E7		=D7*B9

セル B9

相対参照　絶対参照

4-4-5 複合参照

複合参照とは、相対参照と絶対参照を組み合わせたセル参照です。「$A1」や「A$1」のように記述します。ここでは、ホテルグレート代金表を使って、複合参照を学びます。

複合参照による式の入力

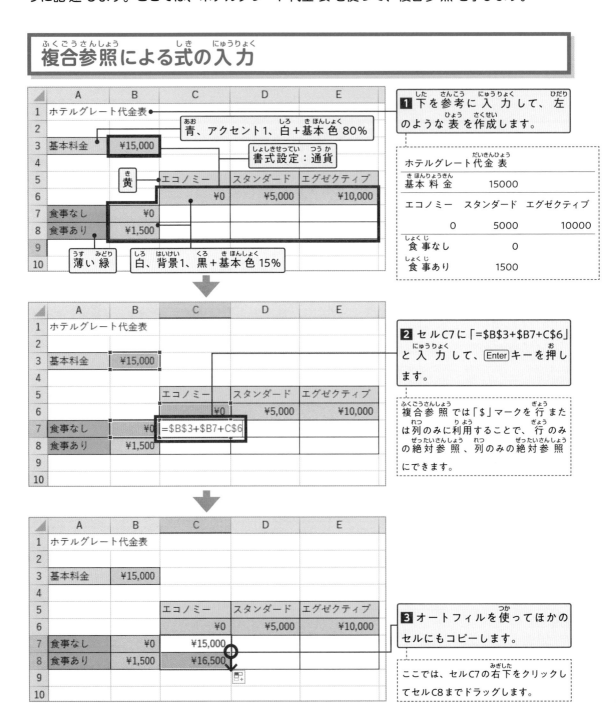

1 下を参考に入力して、左のような表を作成します。

ホテルグレート代金表		
基本料金	15000	
エコノミー	スタンダード	エグゼクティブ
0	5000	10000
食事なし	0	
食事あり	1500	

2 セルC7に「=B3+$B7+C$6」と入力して、Enterキーを押します。

複合参照では「$」マークを行または列のみに利用することで、行のみの絶対参照、列のみの絶対参照にできます。

3 オートフィルを使ってほかのセルにもコピーします。

ここでは、セルC7の右下をクリックしてセルC8までドラッグします。

208

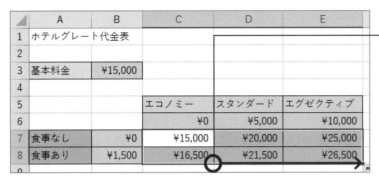

	A	B	C	D	E
1	ホテルグレート代金表				
2					
3	基本料金	¥15,000			
4					
5			エコノミー	スタンダード	エグゼクティブ
6			¥0	¥5,000	¥10,000
7	食事なし	¥0	¥15,000	¥20,000	¥25,000
8	食事あり	¥1,500	¥16,500	¥21,500	¥26,500

4 さらにオートフィルでコピーします。

C7とC8が選択状態でセルC8の右下をクリックしてセルE8まで横にドラッグします。

5 代金表ができました。

Point 絶対参照・複合参照の入力はF4キー

絶対参照や複合参照の際のセル番地の入力にはF4キーが便利です。

下図は、セルC7に「=」を入力し、セルB3をクリックしたところです（手順**1**と**2**）。ここからF4キーを押すたびに、$が自動的に切り替わりながら挿入されます。

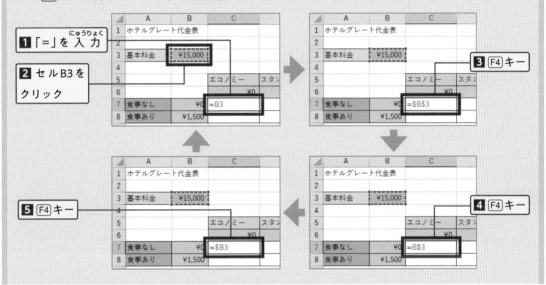

1「=」を入力

2 セルB3をクリック

3 F4キー

4 F4キー

5 F4キー

Point 行と列の方向を間違えないために

横に並ぶのが「行」、縦に並ぶのが「列」です。漢字の形で覚えましょう。

横に並ぶのが「行」

縦に並ぶのが「列」

練習問題

課題 1

サンプルファイルを読み込んで家電量販店の商品売上表を作成しましょう。合計を計算し、1期あたりの平均売上高を求めましょう。

📥 サンプル　4-4_課題1.xlsx

	A	B	C	D	E	F	G	H	I
1	ビッグ電気商品売上表								
2							単位：千円		
3		第1期	第2期	第3期	第4期	年間売上高	平均		
4	テレビ	22200	20800	19600	23800				
5	冷蔵庫	24900	28300	20100	17400				
6	洗濯機	25300	20700	18600	17700				
7	掃除機	8900	9100	10500	7500				
8	電子レンジ	10500	8800	6000	7800				
9	合計								
10									

① 年間売上高は「第1期」から「第4期」までの合計を求めます。
② 平均は「年間売上高」÷4（期）で求めます。
③ 金額には桁区切りスタイルでカンマ表示にしましょう。

📥 完成例　4-4_課題1_完成例.xlsx

課題 2

サンプルファイルを読み込んで年間の商品売上比率を求めましょう。

📥 サンプル　4-4_課題2.xlsx

	A	B	C	D	E	F	G	H	I
1	ビッグ電気商品売上表								
2									
3		第1期	第2期	第3期	第4期	年間売上高	売上比率		
4	テレビ	22200	20800	19600	23800				
5	冷蔵庫	24900	28300	20100	17400				
6	洗濯機	25300	20700	18600	17700				
7	掃除機	8900	9100	10500	7500				
8	電子レンジ	10500	8800	6000	7800				
9	合計								
10									

① 売上比率は、それぞれの商品の「年間売上高÷合計年間売上高」で求めます。
② 売上比率は、絶対参照を使い、コピーしましょう。
③ 売上比率は、小数第1位まで表示、％表示にしましょう。金額には桁区切りスタイルでカンマ表示にしましょう。

📥 完成例　4-4_課題2_完成例.xlsx

4-5 グラフ機能と素材の挿入

ここでは、表のデータをもとに、簡単にグラフが作成できることを学びます。円グラフや棒グラフを作成し、レイアウトやスタイルの変更を行います。また、画像や図形などのグラフィックの挿入も学びます。

学ぶこと

➡ 4-5-1 円グラフの作成　　➡ 4-5-2 グラフの移動とサイズ変更

➡ 4-5-3 グラフの色やレイアウト、スタイルの変更　　➡ 4-5-4 棒グラフの作成

➡ 4-5-5 グラフの種類や表示の変更　　➡ 4-5-6 画像・図形・オンライン画像の挿入

完成例

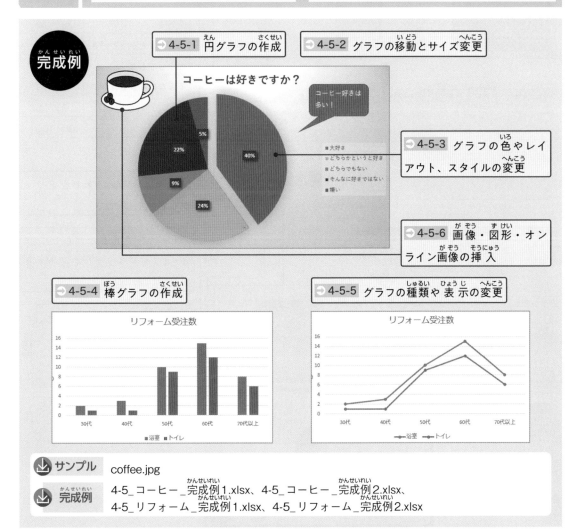

➡ 4-5-1 円グラフの作成　　➡ 4-5-2 グラフの移動とサイズ変更

➡ 4-5-3 グラフの色やレイアウト、スタイルの変更

➡ 4-5-6 画像・図形・オンライン画像の挿入

➡ 4-5-4 棒グラフの作成

➡ 4-5-5 グラフの種類や表示の変更

サンプル	coffee.jpg
完成例	4-5_コーヒー_完成例1.xlsx、4-5_コーヒー_完成例2.xlsx、 4-5_リフォーム_完成例1.xlsx、4-5_リフォーム_完成例2.xlsx

4-5-1 円グラフの作成

円グラフは全体に対して各項目がどのくらいの割合を占めるかを表すときに使います。サンプルファイルをもとに円グラフを作成しましょう。

アンケート結果を円グラフにする

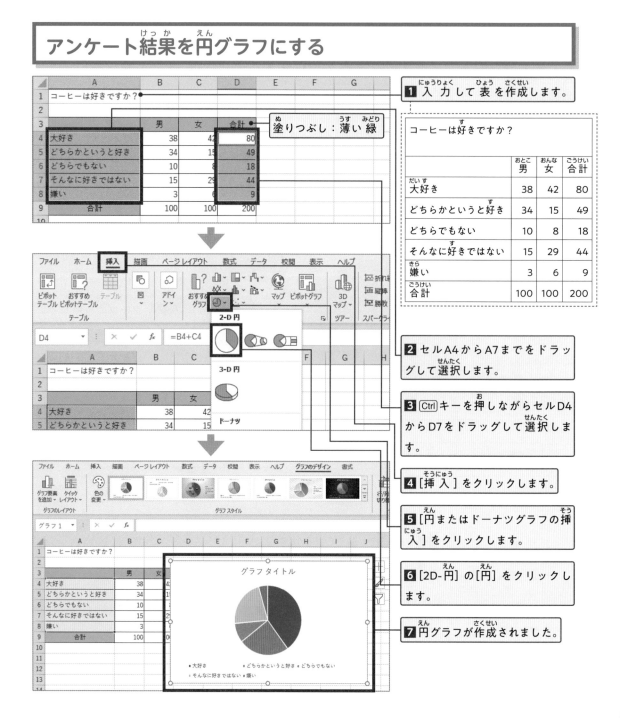

1 入力して表を作成します。

コーヒーは好きですか？	男	女	合計
大好き	38	42	80
どちらかというと好き	34	15	49
どちらでもない	10	8	18
そんなに好きではない	15	29	44
嫌い	3	6	9
合計	100	100	200

塗りつぶし：薄い緑

2 セルA4からA7までをドラッグして選択します。

3 Ctrl キーを押しながらセルD4からD7をドラッグして選択します。

4 [挿入]をクリックします。

5 [円またはドーナツグラフの挿入]をクリックします。

6 [2D-円]の[円]をクリックします。

7 円グラフが作成されました。

グラフタイトルの入力

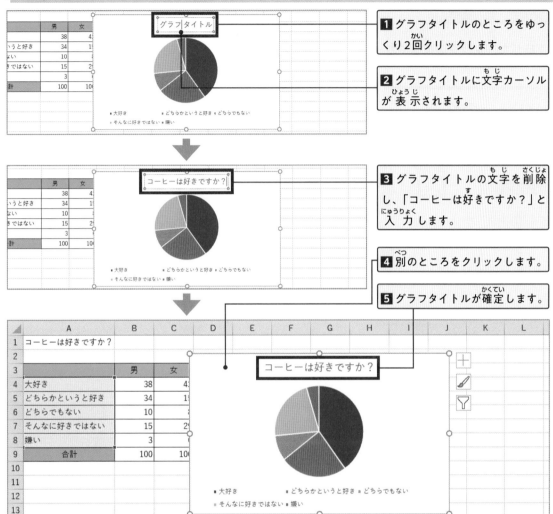

1 グラフタイトルのところをゆっくり2回クリックします。

2 グラフタイトルに文字カーソルが表示されます。

3 グラフタイトルの文字を削除し、「コーヒーは好きですか?」と入力します。

4 別のところをクリックします。

5 グラフタイトルが確定します。

	A	B	C	D	E	F	G	H	I	J	K	L
1	コーヒーは好きですか?											
2												
3		男	女									
4	大好き	38	4									
5	どちらかというと好き	34	1									
6	どちらでもない	10										
7	そんなに好きではない	15	2									
8	嫌い	3										
9	合計	100	10									
10												
11												
12												
13												

> **Point** グラフのショートカットツール

円グラフを選択すると、グラフの右側に3つのボタンが表示されます。

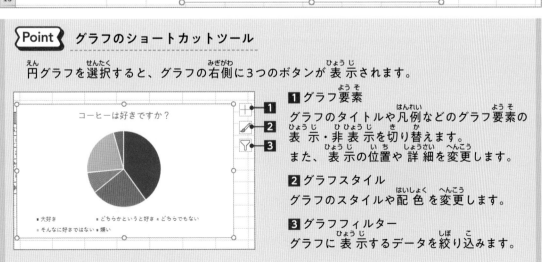

1 グラフ要素

グラフのタイトルや凡例などのグラフ要素の表示・非表示を切り替えます。また、表示の位置や詳細を変更します。

2 グラフスタイル

グラフのスタイルや配色を変更します。

3 グラフフィルター

グラフに表示するデータを絞り込みます。

4-5-2 グラフの移動とサイズ変更

作成した円グラフの位置やサイズを変更します。

グラフの移動

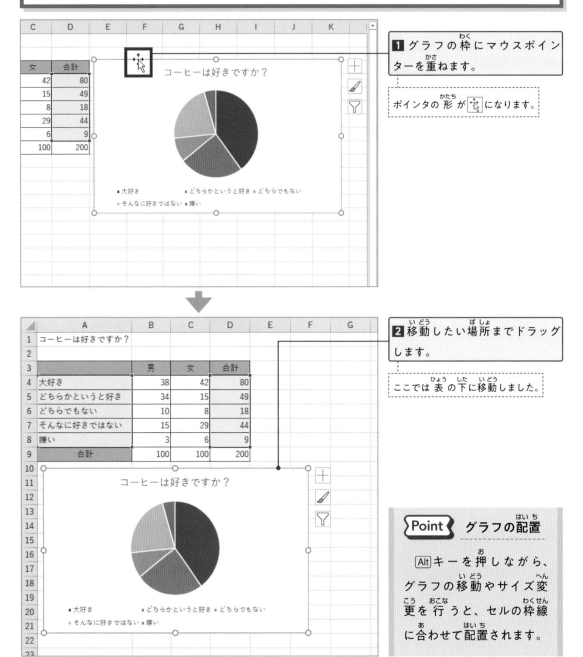

1 グラフの枠にマウスポインターを重ねます。

ポインタの形が になります。

2 移動したい場所までドラッグします。

ここでは表の下に移動しました。

Point グラフの配置

Altキーを押しながら、グラフの移動やサイズ変更を行うと、セルの枠線に合わせて配置されます。

214

グラフのサイズ変更

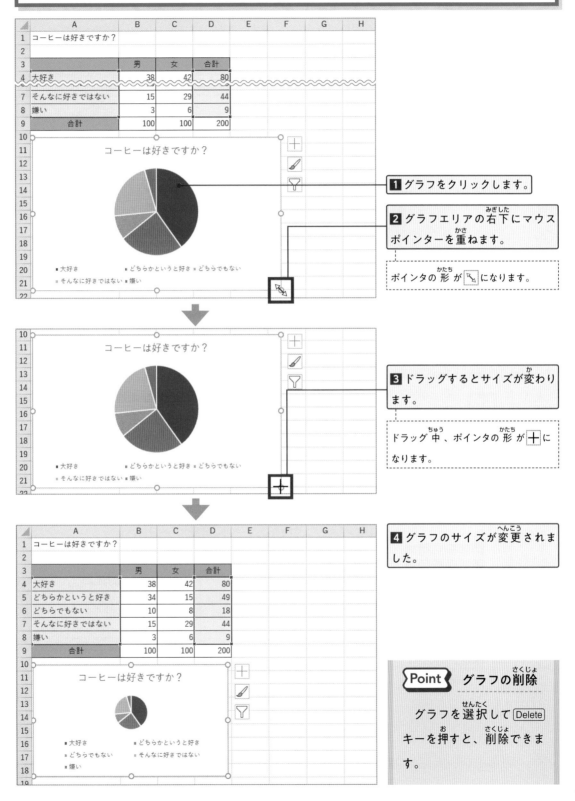

1 グラフをクリックします。

2 グラフエリアの右下にマウスポインターを重ねます。

ポインタの形が ⬚ になります。

3 ドラッグするとサイズが変わります。

ドラッグ中、ポインタの形が ✛ になります。

4 グラフのサイズが変更されました。

Point グラフの削除

グラフを選択して Delete キーを押すと、削除できます。

4-5-3 グラフの色やレイアウト、スタイルの変更

グラフの色やレイアウト、スタイルの変更について学びます。

グラフの色を変える

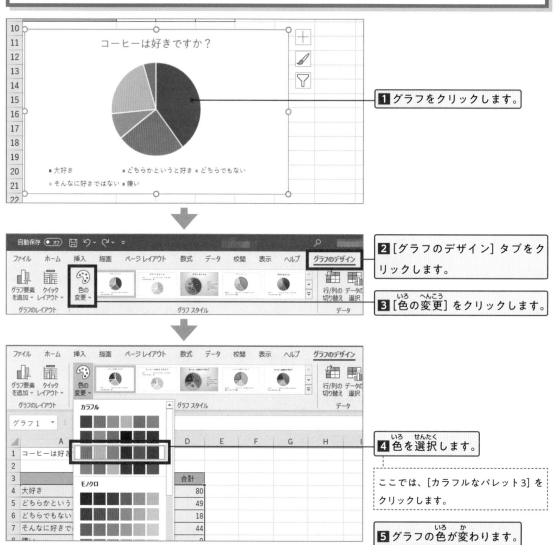

1 グラフをクリックします。

2 [グラフのデザイン] タブをクリックします。

3 [色の変更] をクリックします。

4 色を選択します。

ここでは、[カラフルなパレット3] をクリックします。

5 グラフの色が変わります。

Point グラフの印刷

・グラフを選択した状態で印刷を実行すると、グラフだけが用紙いっぱいに印刷されます。
・セルを選択した状態で印刷を実行すると、シート上の表とグラフが印刷されます。

グラフのレイアウトを変える

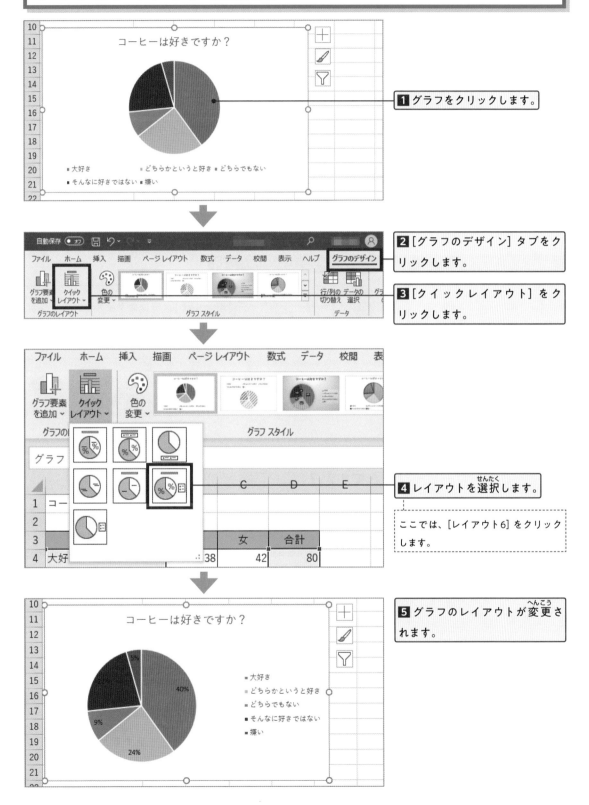

1 グラフをクリックします。

2 [グラフのデザイン] タブをクリックします。

3 [クイックレイアウト] をクリックします。

4 レイアウトを選択します。

ここでは、[レイアウト6] をクリックします。

5 グラフのレイアウトが変更されます。

グラフのスタイルを変える

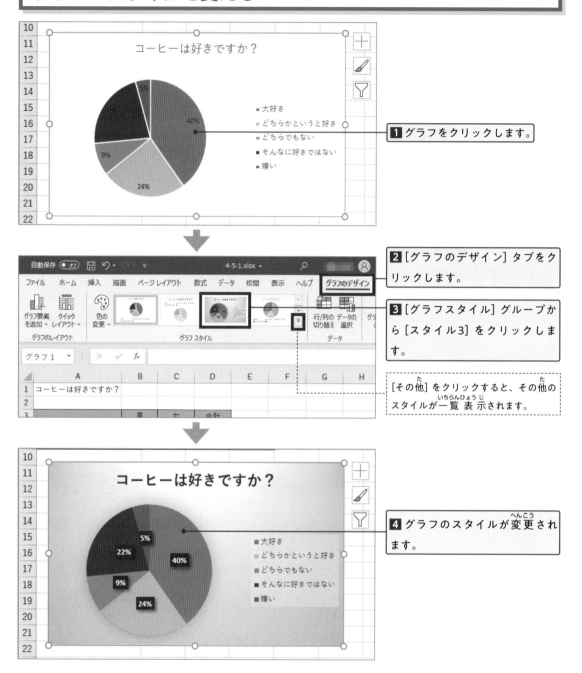

1 グラフをクリックします。

2 [グラフのデザイン] タブをクリックします。

3 [グラフスタイル] グループから [スタイル3] をクリックします。

[その他] をクリックすると、その他のスタイルが一覧 表示されます。

4 グラフのスタイルが変更されます。

> **Point** グラフの更新
>
> グラフはもとになるセル範囲と連動しています。もとになるデータを変更するとグラフも自動的に更新されます。

切り離し円

円グラフの一部を切り離すことで、円グラフの中で特定のデータ要素を強調できます。

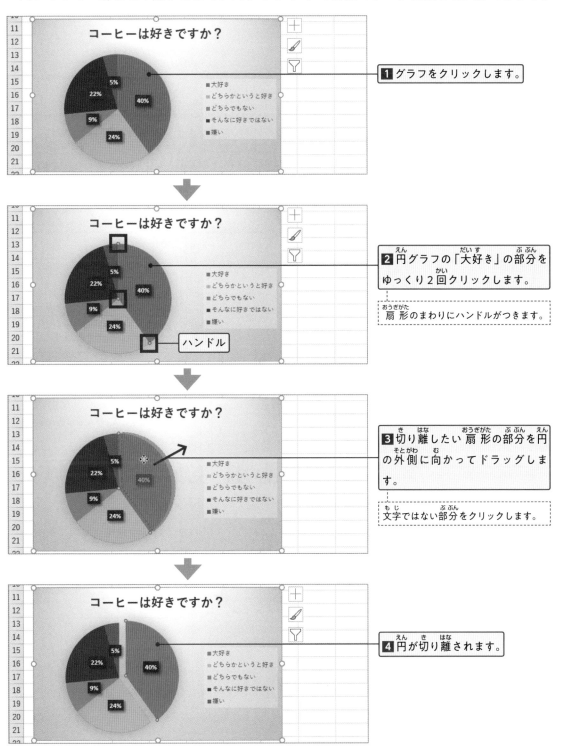

1 グラフをクリックします。

2 円グラフの「大好き」の部分を ゆっくり2回クリックします。

> 扇形のまわりにハンドルがつきます。

ハンドル

3 切り離したい扇形の部分を円 の外側に向かってドラッグしま す。

> 文字ではない部分をクリックします。

4 円が切り離されます。

4-5-4 棒グラフの作成

棒グラフはデータの推移を大小関係で表すときに使います。リフォームの受注数の表のデータをもとに、棒グラフを作成します。

棒グラフの作成

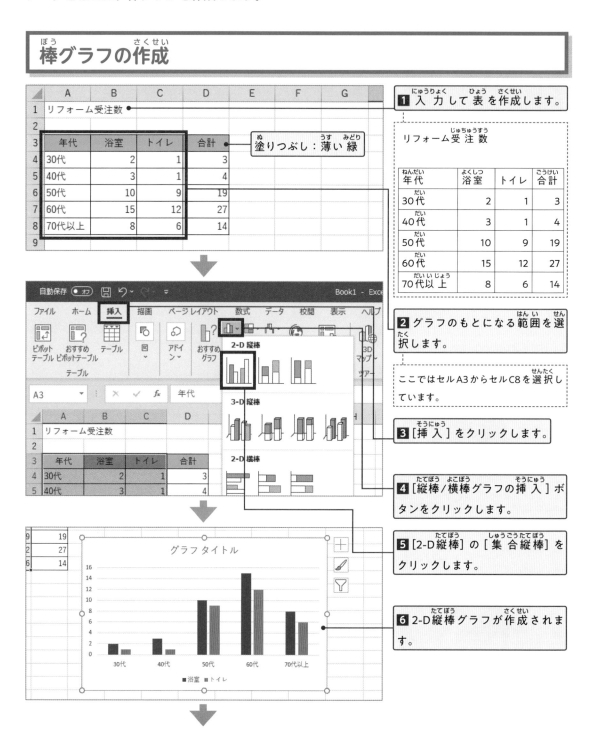

1 入力して表を作成します。

リフォーム受注数			
年代	浴室	トイレ	合計
30代	2	1	3
40代	3	1	4
50代	10	9	19
60代	15	12	27
70代以上	8	6	14

2 グラフのもとになる範囲を選択します。

ここではセルA3からセルC8を選択しています。

3 [挿入]をクリックします。

4 [縦棒/横棒グラフの挿入]ボタンをクリックします。

5 [2-D縦棒]の[集合縦棒]をクリックします。

6 2-D縦棒グラフが作成されます。

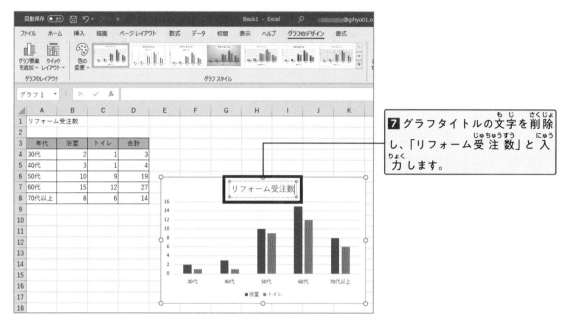

7 グラフタイトルの文字を削除し、「リフォーム受注数」と入力します。

行／列の切り替え

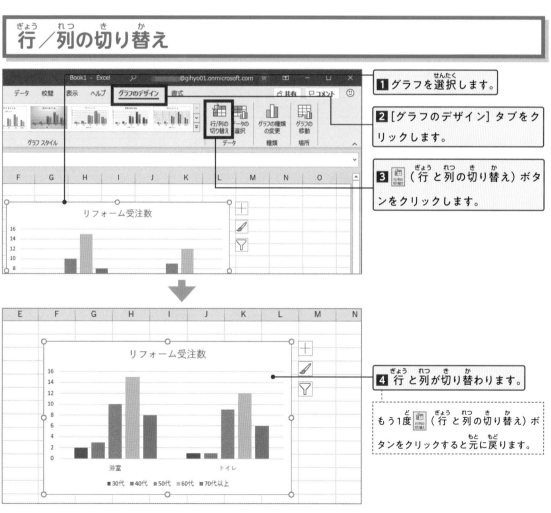

1 グラフを選択します。

2 [グラフのデザイン] タブをクリックします。

3 （行と列の切り替え）ボタンをクリックします。

4 行と列が切り替わります。

もう1度 （行と列の切り替え）ボタンをクリックすると元に戻ります。

4-5-5 グラフの種類や表示の変更

棒グラフの種類を折れ線グラフに変更してみましょう。

グラフの種類の変更

合計
3
4
19
27
14

1 グラフをクリックします。

2 [グラフのデザイン] タブをクリックします。

3 [グラフの種類の変更] をクリックします。

グラフの種類の変更

おすすめグラフ　すべてのグラフ

マーカー付き折れ線

4 変更したいグラフの種類をクリックして選択します。

ここでは、[折れ線]-[マーカー付き折れ線] グラフをクリックします。

5 [OK] ボタンをクリックします。

合計
3
4
19
27
14

6 グラフの種類が変更されます。

グラフの軸ラベルの変更

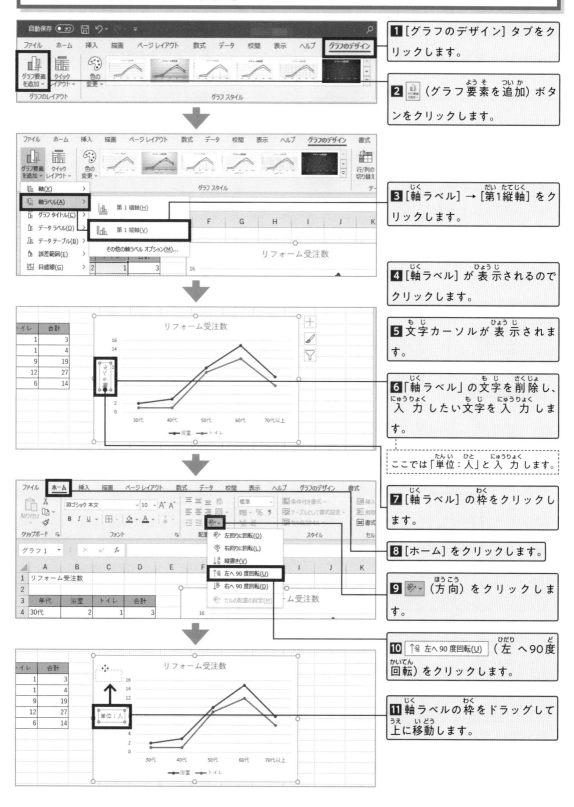

1 [グラフのデザイン] タブをクリックします。

2 (グラフ要素を追加) ボタンをクリックします。

3 [軸ラベル] → [第1縦軸] をクリックします。

4 [軸ラベル] が表示されるのでクリックします。

5 文字カーソルが表示されます。

6 「軸ラベル」の文字を削除し、入力したい文字を入力します。

ここでは「単位：人」と入力します。

7 [軸ラベル] の枠をクリックします。

8 [ホーム] をクリックします。

9 (方向) をクリックします。

10 左へ90度回転(U) (左へ90度回転) をクリックします。

11 軸ラベルの枠をドラッグして上に移動します。

4-5-6 画像・図形・オンライン画像の挿入

ワークシートに写真やオンライン画像などのグラフィックを挿入し、書式設定を行います。

サンプル coffee.jpg

画像の挿入

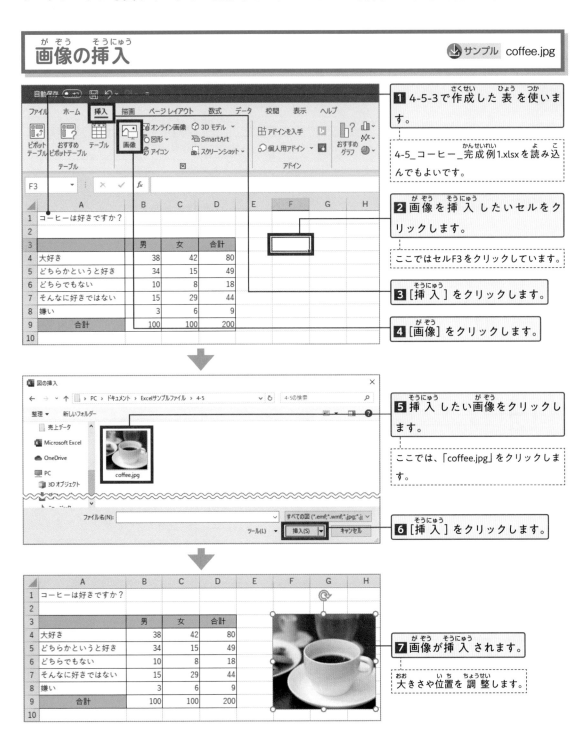

1 4-5-3で作成した表を使います。

4-5_コーヒー_完成例1.xlsxを読み込んでもよいです。

2 画像を挿入したいセルをクリックします。

ここではセルF3をクリックしています。

3 [挿入]をクリックします。

4 [画像]をクリックします。

5 挿入したい画像をクリックします。

ここでは、「coffee.jpg」をクリックします。

6 [挿入]をクリックします。

7 画像が挿入されます。

大きさや位置を調整します。

オンライン画像の挿入

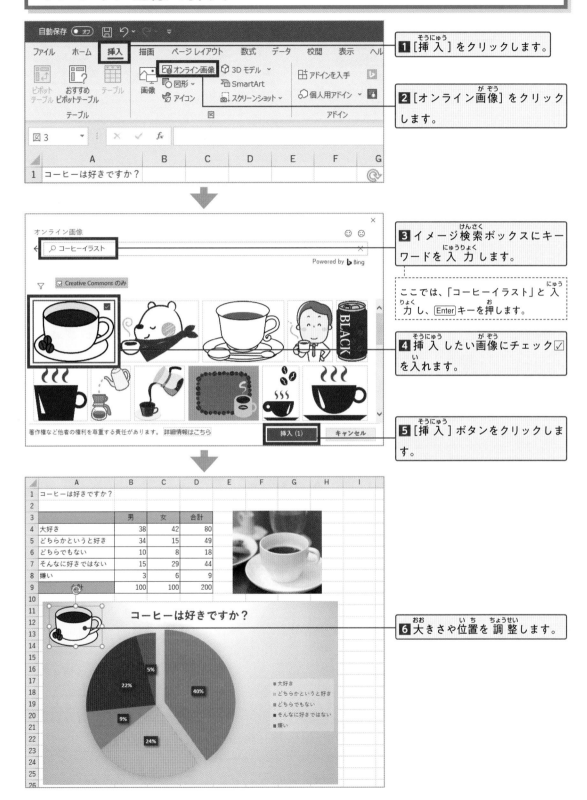

1 [挿入]をクリックします。

2 [オンライン画像]をクリックします。

3 イメージ検索ボックスにキーワードを入力します。

ここでは、「コーヒーイラスト」と入力し、Enterキーを押します。

4 挿入したい画像にチェック☑を入れます。

5 [挿入]ボタンをクリックします。

6 大きさや位置を調整します。

図形の挿入

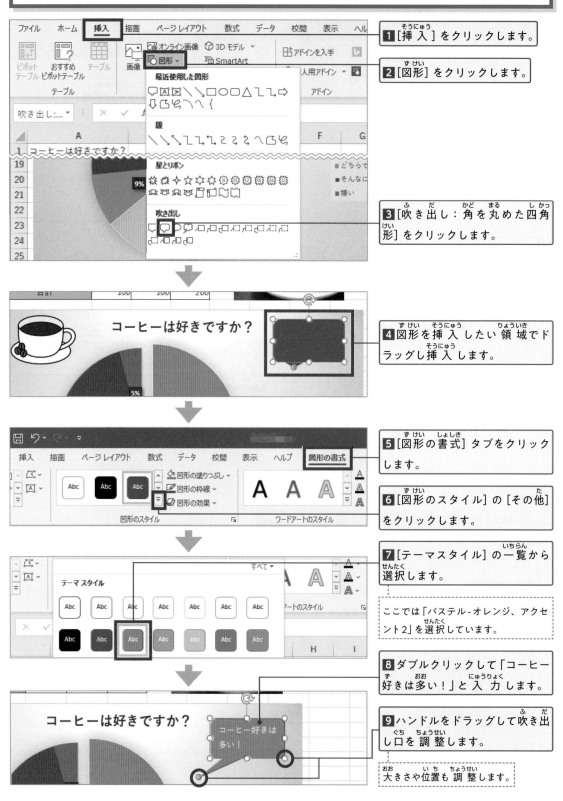

1 [挿入]をクリックします。

2 [図形]をクリックします。

3 [吹き出し：角を丸めた四角形]をクリックします。

4 図形を挿入したい領域でドラッグし挿入します。

5 [図形の書式]タブをクリックします。

6 [図形のスタイル]の[その他]をクリックします。

7 [テーマスタイル]の一覧から選択します。

ここでは「パステル-オレンジ、アクセント2」を選択しています。

8 ダブルクリックして「コーヒー好きは多い！」と入力します。

9 ハンドルをドラッグして吹き出し口を調整します。

大きさや位置も調整します。

練習問題

 課題 1

サンプルファイルを読み込んで完成例を参考に、表とグラフを作成しましょう。

⬇ サンプル 4-5_課題1.xlsx

	A	B	C	D	E	F	G	H	I	J	K	L	M
1													
2		業種別就職者数											
3													
4		学部名	メーカー	金融	IT	サービス	商社	建築	研究	教育	医療	その他	合計
5		文学部	50	52	3	23	35	3	4	32	15	24	
6		経済学部	25	52	75	35	24	4	5	12	2	18	
7		工学部	31	21	15	41	36	28	15	24	32	21	
8		農学部	12	10	10	25	48	25	68	32	45	2	
9		薬学部	26	2	10	15	4	13	78	12	68	6	
10		環境学部	15	12	18	48	25	38	21	8	33	12	
11		生命学部	5	3	10	21	12	18	54	28	35	23	
12		合計											
13													
14													

完成例

塗りつぶし：薄い青

	A	B	C	D	E	F	G	H	I	J	K	L	M
2						業種別就職者数							
3													
4		学部名	メーカー	金融	IT	サービス	商社	建築	研究	教育	医療	その他	合計
5		文学部	50	52	3	23	35	3	4	32	15	24	241
6		経済学部	25	52	75	35	24	4	5	12	2	18	252
7		工学部	31	21	15	41	36	28	15	24	32	21	264
8		農学部	12	10	10	25	48	25	68	32	45	2	277
9		薬学部	26	2	10	15	4	13	78	12	68	6	234
10		環境学部	15	12	18	48	25	38	21	8	33	12	230
11		生命学部	5	3	10	21	12	18	54	28	35	23	209
12		合計	164	152	141	208	184	129	245	148	230	106	1,707

業種別就職状況

- その他 106
- 医療 230
- 教育 148
- 研究 245
- 建築 129
- 商社 184
- サービス 208
- IT 141
- 金融 152
- メーカー 164

0 50 100 150 200 250

就職の学部構成

- 生命学部 12%
- 文学部 14%
- 経済学部 15%
- 工学部 15%
- 農学部 16%
- 薬学部 14%
- 環境学部 14%

グラフの種類：[横棒] - [集合横棒]

グラフの種類：[円] - [3-D円]

⬇ 完成例 4-5_課題1_完成例.xlsx

227

課題2 サンプルファイルを読み込んで完成図を参考に、表とグラフを作成しましょう。

⬇ サンプル 4-5_課題2.xlsx

	A	B	C	D	E	F	G	H	I	J	K
1	一番好きなくだものは？										
2											
3		20代	30代	40代	50代	60代	合計				
4	いちご	38	35	52	55	48					
5	みかん	22	30	36	46	50					
6	りんご	25	25	30	35	28					
7	メロン	42	52	43	46	48					
8	バナナ	40	36	26	22	12					
9	スイカ	52	43	45	26	26					
10	パイナップル	15	8	12	8	5					
11											

完成例

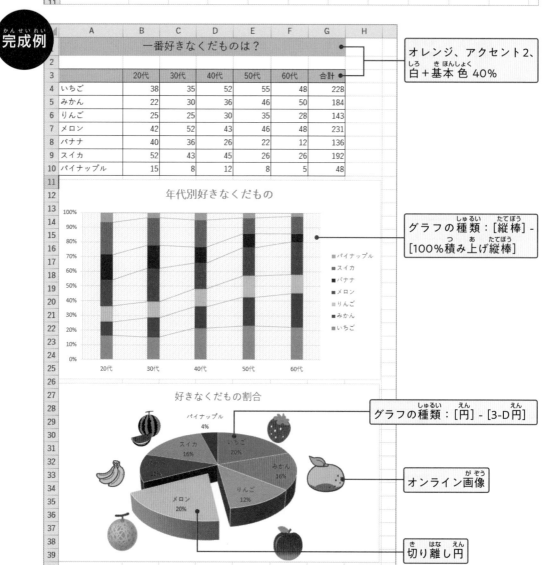

オレンジ、アクセント2、白＋基本色40%

グラフの種類：［縦棒］-［100%積み上げ縦棒］

グラフの種類：［円］-［3-D円］

オンライン画像

切り離し円

⬇ 完成例 4-5_課題2_完成例.xlsx

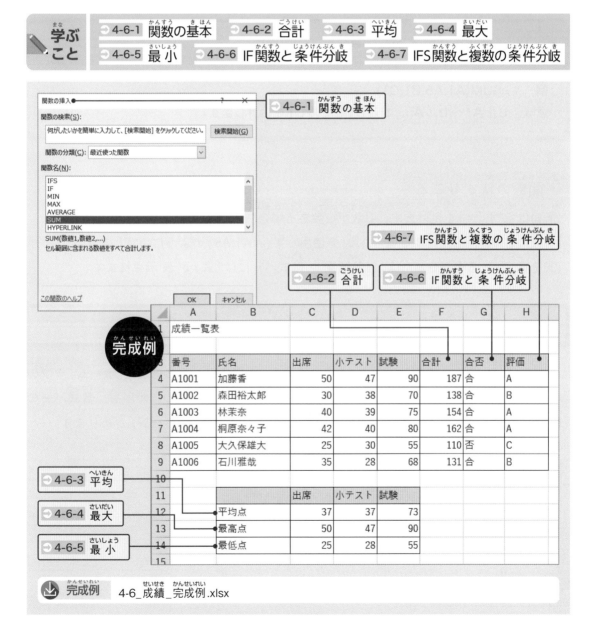

4-6 関数

Excelには、表計算のための関数が多く用意されています。4-4では「合計」を計算する「SUM関数」や「平均」を計算する「AVERAGE関数」を学習しましたが、ここではもっと詳しく関数のしくみや使い方を学びます。

学ぶこと
- 4-6-1 関数の基本
- 4-6-2 合計
- 4-6-3 平均
- 4-6-4 最大
- 4-6-5 最小
- 4-6-6 IF関数と条件分岐
- 4-6-7 IFS関数と複数の条件分岐

4-6-1 関数の基本

4-6-7 IFS関数と複数の条件分岐

4-6-2 合計

4-6-6 IF関数と条件分岐

4-6-3 平均

4-6-4 最大

4-6-5 最小

完成例

	A	B	C	D	E	F	G	H
1	成績一覧表							
3	番号	氏名	出席	小テスト	試験	合計	合否	評価
4	A1001	加藤香	50	47	90	187	合	A
5	A1002	森田裕太郎	30	38	70	138	合	B
6	A1003	林茉奈	40	39	75	154	合	A
7	A1004	桐原奈々子	42	40	80	162	合	A
8	A1005	大久保雄大	25	30	55	110	否	C
9	A1006	石川雅哉	35	28	68	131	合	B
10								
11			出席	小テスト	試験			
12		平均点	37	37	73			
13		最高点	50	47	90			
14		最低点	25	28	55			
15								

完成例　4-6_成績_完成例.xlsx

4-6-1 関数の基本

関数のしくみと決まりごとを確認します。

関数のしくみ

◆ 関数の書き方

=関数名（引数1,引数2,引数3,…）

例　：=SUM(A1:A5,B1,C1)
意味：セルA1～セルA5、セルB1とセルC1を合計します。

◆ 関数の決まりごと

最初に必ず「=」を付けます。引数が複数ある場合、「,」を使います。
引数にセル範囲を指定する場合、「:」を使用して、「A1:A5」のように指定します。
式を入力すると、セルには「計算結果」、数式バーには「式」が表示されます。

関数の入力方法

関数の入力方法は複数あります。4-4では「オートSUM」による方法（[ホーム] タブの
[編集] グループ）と、「直接入力」する方法を学びました。そのほかにも、数式バーの
[fx] ボタン（右ページ上）や [数式] タブから入力する方法（232ページ）があります。

◆ 直接入力

セルに直接「=SUM(A1,A2)」などと入力する方法です。

	A	B	C
1	6	=SUM(A1,A2)	
2	3		
3			

◆ 数式バーの [fx] (関数の挿入) ボタン

数式バーの [fx] (関数の挿入) ボタンをクリックして、[関数の挿入] ダイアログボックスから目的の関数を選ぶ方法です。

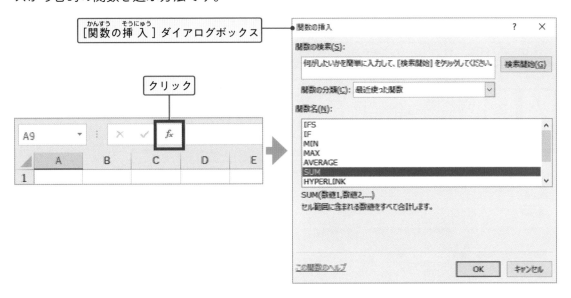

◆ [ホーム] タブの [オート SUM] ボタン

合計や平均などの関数が一覧から選べます。一番下の [その他の関数] をクリックすると数式バーと同じ [関数の挿入] ダイアログボックスが表示されます。

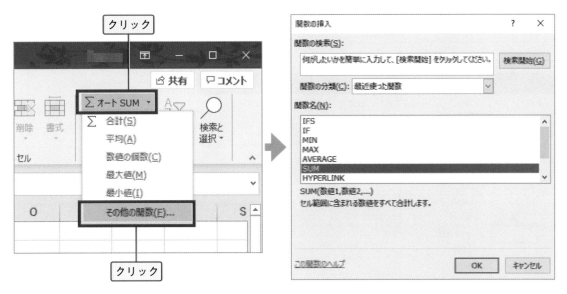

◆[数式] タブ

[数式] タブにはさまざまな関数がジャンル別に分類されています。[fx] ボタン (一番左) や [オート SUM] ボタン (左から2番目) もあります。また、[最近使った関数] ボタンはよく使う関数にすぐにアクセスできるので便利です。

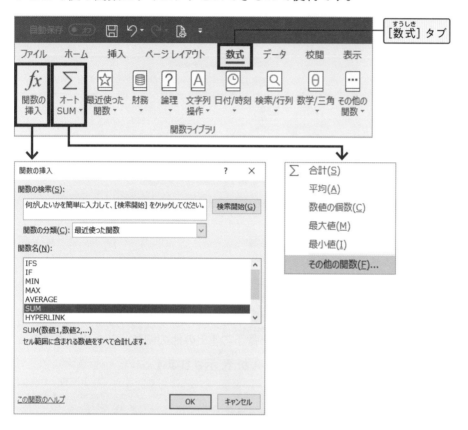

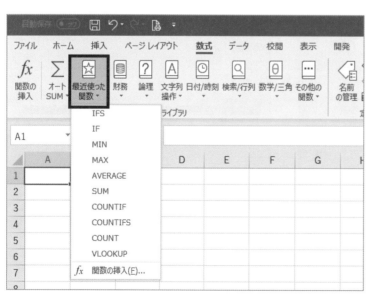

入力した関数の修正方法

◆ ダブルクリックして修正

セルに入力した関数を修正したいとき、修正したいセルをダブルクリックすれば、式が表示されます。ほかにも、セルをクリックして数式バーから修正できます。

ダブルクリックすると
式が表示されます。

◆ [fx] (関数の挿入) ボタンで修正

修正したいセルで、[fx] (関数の挿入) を押すと、[関数の引数] ダイアログボックスが表示され、修正できます。

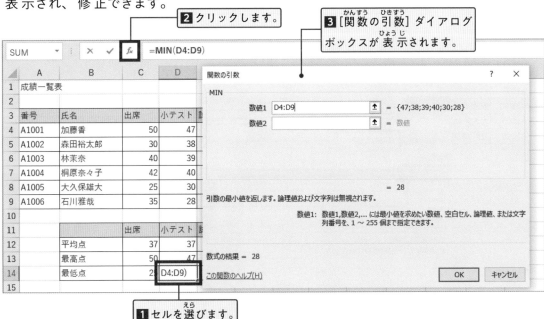

2 クリックします。

3 [関数の引数] ダイアログボックスが表示されます。

1 セルを選びます。

4-6-2 合計（ごうけい）

サンプルを使って、関数を挿入しましょう。ここでは合計について計算します。

SUM関数で合計を求める

「数式バー」の横にある［fx］ボタンを用いた関数の挿入方法を学びます。

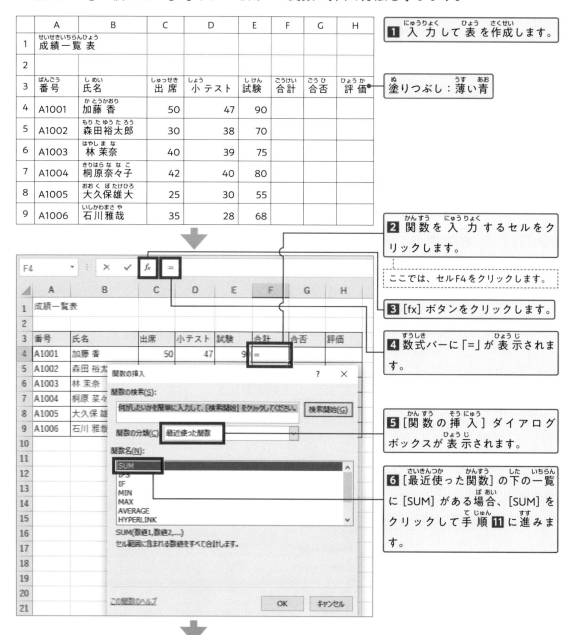

1 入力して表を作成します。

塗りつぶし：薄い青

	A	B	C	D	E	F	G	H
1	成績一覧表（せいせきいちらんひょう）							
2								
3	番号（ばんごう）	氏名（しめい）	出席（しゅっせき）	小テスト（しょう）	試験（しけん）	合計（ごうけい）	合否（ごうひ）	評価（ひょうか）
4	A1001	加藤 香（かとうかおり）	50	47	90			
5	A1002	森田裕太郎（もりたゆうたろう）	30	38	70			
6	A1003	林 茉奈（はやしまな）	40	39	75			
7	A1004	桐原奈々子（きりはらななこ）	42	40	80			
8	A1005	大久保雄大（おおくぼたけひろ）	25	30	55			
9	A1006	石川雅哉（いしかわまさや）	35	28	68			

2 関数を入力するセルをクリックします。

ここでは、セルF4をクリックします。

3 ［fx］ボタンをクリックします。

4 数式バーに「＝」が表示されます。

5 ［関数の挿入］ダイアログボックスが表示されます。

6 ［最近使った関数］の下の一覧に［SUM］がある場合、［SUM］をクリックして手順 **11** に進みます。

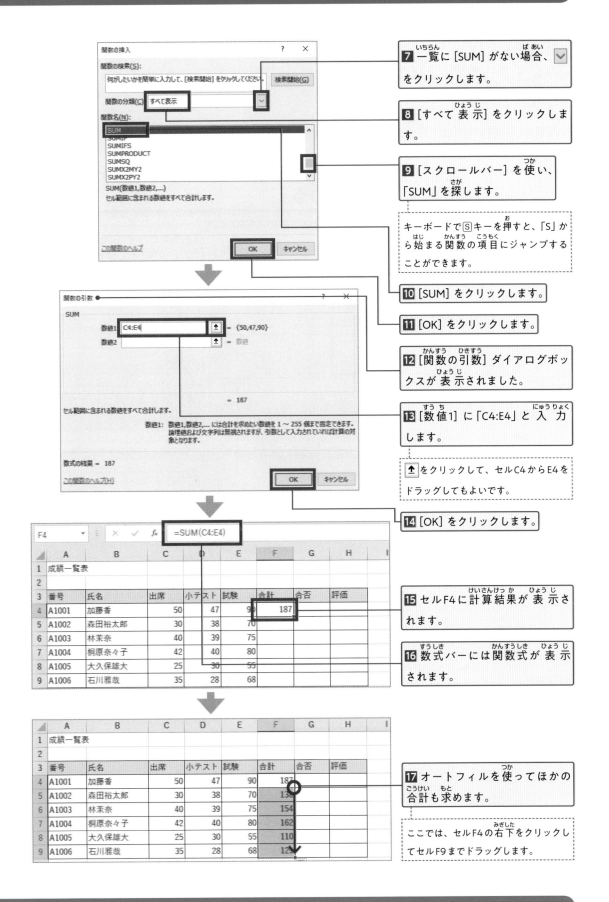

7 一覧に [SUM] がない場合、 をクリックします。

8 [すべて 表示] をクリックします。

9 [スクロールバー] を使い、「SUM」を探します。

キーボードで S キーを押すと、「S」から始まる関数の項目にジャンプすることができます。

10 [SUM] をクリックします。

11 [OK] をクリックします。

12 [関数の引数] ダイアログボックスが 表示されました。

13 [数値1] に「C4:E4」と 入力します。

↑ をクリックして、セルC4からE4をドラッグしてもよいです。

14 [OK] をクリックします。

	A	B	C	D	E	F	G	H	I
1	成績一覧表								
2									
3	番号	氏名	出席	小テスト	試験	合計	合否	評価	
4	A1001	加藤香	50	47	90	187			
5	A1002	森田裕太郎	30	38	70				
6	A1003	林茉奈	40	39	75				
7	A1004	桐原奈々子	42	40	80				
8	A1005	大久保雄大	25	30	55				
9	A1006	石川雅哉	35	28	68				

15 セルF4に計算結果が 表示されます。

16 数式バーには関数式が 表示されます。

	A	B	C	D	E	F	G	H	I
1	成績一覧表								
2									
3	番号	氏名	出席	小テスト	試験	合計	合否	評価	
4	A1001	加藤香	50	47	90	187			
5	A1002	森田裕太郎	30	38	70	138			
6	A1003	林茉奈	40	39	75	154			
7	A1004	桐原奈々子	42	40	80	162			
8	A1005	大久保雄大	25	30	55	110			
9	A1006	石川雅哉	35	28	68	12			

17 オートフィルを使ってほかの 合計も求めます。

ここでは、セルF4の右下をクリックしてセルF9までドラッグします。

4-6-3 平均

AVERAGE関数を使って平均値(平均点)を計算しましょう。

AVERAGE関数で平均を求める

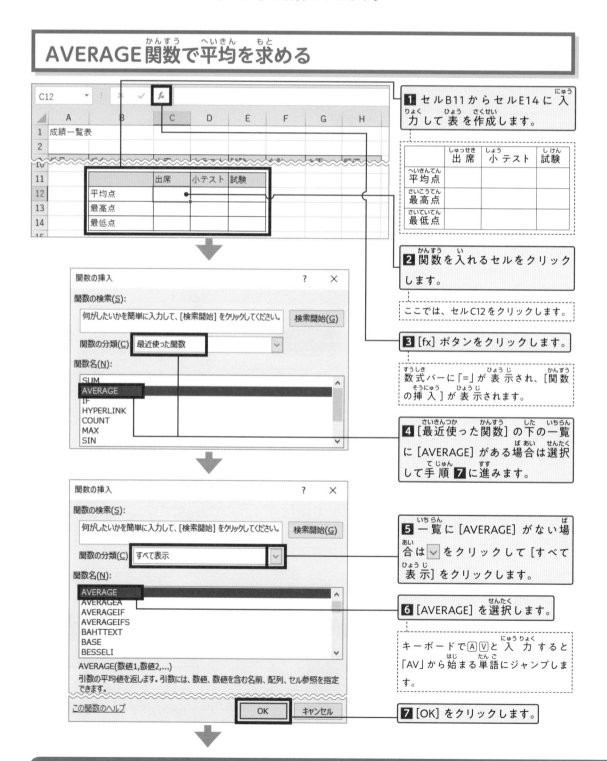

1 セルB11からセルE14に入力して表を作成します。

	出席	小テスト	試験
平均点			
最高点			
最低点			

2 関数を入れるセルをクリックします。

ここでは、セルC12をクリックします。

3 [fx] ボタンをクリックします。

数式バーに「=」が表示され、[関数の挿入] が表示されます。

4 [最近使った関数] の下の一覧に [AVERAGE] がある場合は選択して手順 **7** に進みます。

5 一覧に [AVERAGE] がない場合は ∨ をクリックして [すべて表示] をクリックします。

6 [AVERAGE] を選択します。

キーボードでⒶⓋと入力すると「AV」から始まる単語にジャンプします。

7 [OK] をクリックします。

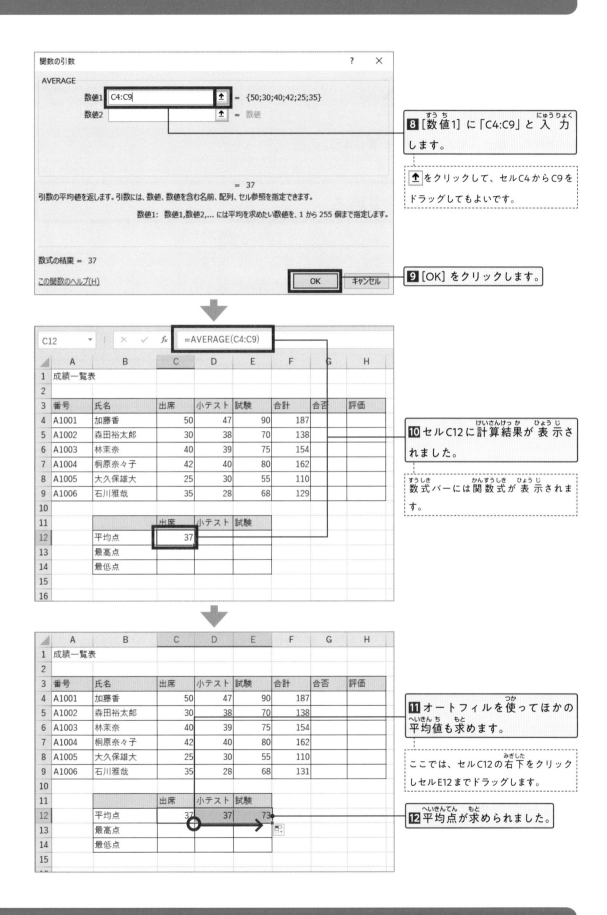

関数の引数　　　　　　　　　　？　×

AVERAGE

数値1　C4:C9　　　↑ ＝ {50;30;40;42;25;35}

数値2　　　　　　　↑ ＝ 数値

8 [数値1] に「C4:C9」と入力します。

↑ をクリックして、セルC4からC9をドラッグしてもよいです。

＝ 37

引数の平均値を返します。引数には、数値、数値を含む名前、配列、セル参照を指定できます。

　　　数値1: 数値1,数値2,... には平均を求めたい数値を、1 から 255 個まで指定します。

数式の結果 ＝ 37

この関数のヘルプ(H)　　　　　　　　　OK　　　キャンセル

9 [OK] をクリックします。

C12　　　×　✓　fx　=AVERAGE(C4:C9)

	A	B	C	D	E	F	G	H
1	成績一覧表							
2								
3	番号	氏名	出席	小テスト	試験	合計	合否	評価
4	A1001	加藤香	50	47	90	187		
5	A1002	森田裕太郎	30	38	70	138		
6	A1003	林茉奈	40	39	75	154		
7	A1004	桐原奈々子	42	40	80	162		
8	A1005	大久保雄大	25	30	55	110		
9	A1006	石川雅哉	35	28	68	129		
10								
11			出席	小テスト	試験			
12		平均点	37					
13		最高点						
14		最低点						
15								
16								

10 セルC12に計算結果が表示されました。

数式バーには関数式が表示されます。

	A	B	C	D	E	F	G	H
1	成績一覧表							
2								
3	番号	氏名	出席	小テスト	試験	合計	合否	評価
4	A1001	加藤香	50	47	90	187		
5	A1002	森田裕太郎	30	38	70	138		
6	A1003	林茉奈	40	39	75	154		
7	A1004	桐原奈々子	42	40	80	162		
8	A1005	大久保雄大	25	30	55	110		
9	A1006	石川雅哉	35	28	68	131		
10								
11			出席	小テスト	試験			
12		平均点	37	37	73			
13		最高点						
14		最低点						
15								

11 オートフィルを使ってほかの平均値も求めます。

ここでは、セルC12の右下をクリックしセルE12までドラッグします。

12 平均点が求められました。

237

4-6-4 最大
さいだい

MAX関数を使って最大値を計算しましょう。
かんすう　つか　　さいだいち　けいさん

MAX関数で最大値を求める
かんすう　さいだいち　もと

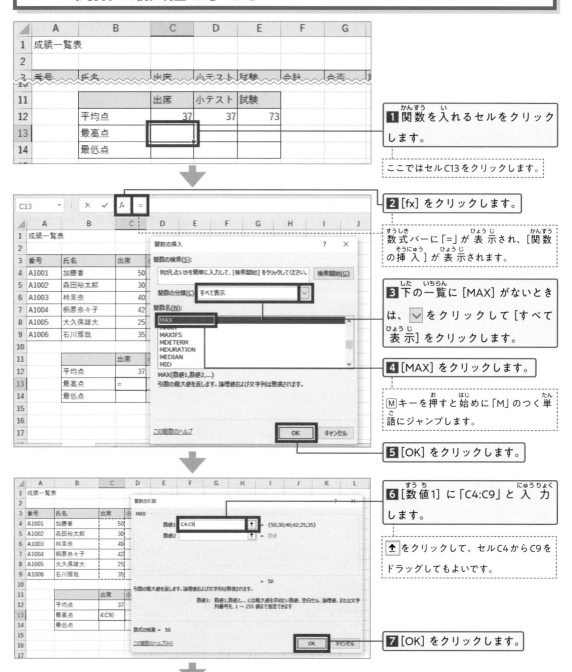

1 関数を入れるセルをクリック
します。
かんすう　い

ここではセルC13をクリックします。

2 [fx] をクリックします。

数式バーに「=」が表示され、[関数
の挿入] が表示されます。
すうしき　ひょうじ　かんすう　そうにゅう　ひょうじ

3 下の一覧に [MAX] がないとき
は、∨ をクリックして [すべて
表示] をクリックします。
した　いちらん　ひょうじ

4 [MAX] をクリックします。

Ｍ キーを押すと始めに「M」のつく単
語にジャンプします。
お　はじ　たん　ご

5 [OK] をクリックします。

6 [数値1] に「C4:C9」と入力
します。
すうち　にゅうりょく

↑ をクリックして、セルC4からC9を
ドラッグしてもよいです。

7 [OK] をクリックします。

238

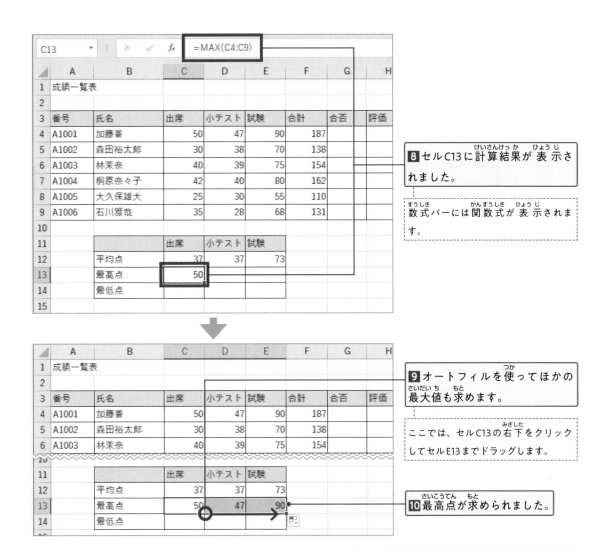

C13 ▼ : × ✓ *fx* **=MAX(C4:C9)**

	A	B	C	D	E	F	G	H
1	成績一覧表							
2								
3	番号	氏名	出席	小テスト	試験	合計	合否	評価
4	A1001	加藤香	50	47	90	187		
5	A1002	森田裕太郎	30	38	70	138		
6	A1003	林茉奈	40	39	75	154		
7	A1004	桐原奈々子	42	40	80	162		
8	A1005	大久保雄大	25	30	55	110		
9	A1006	石川雅哉	35	28	68	131		
10								
11			出席	小テスト	試験			
12		平均点	37	37	73			
13		最高点	50					
14		最低点						
15								

8 セルC13に計算結果が表示されました。

数式バーには関数式が表示されます。

	A	B	C	D	E	F	G	H
1	成績一覧表							
2								
3	番号	氏名	出席	小テスト	試験	合計	合否	評価
4	A1001	加藤香	50	47	90	187		
5	A1002	森田裕太郎	30	38	70	138		
6	A1003	林茉奈	40	39	75	154		
11			出席	小テスト	試験			
12		平均点	37	37	73			
13		最高点	50	47	90			
14		最低点						

9 オートフィルを使ってほかの最大値も求めます。

ここでは、セルC13の右下をクリックしてセルE13までドラッグします。

10 最高点が求められました。

Point 関数を探すポイント

[関数の挿入]ダイアログボックスの[関数の分類]には、[最近使った関数]という項目があります。よく使う関数ではここを選ぶと便利です。

また、[関数名]のところで、キーボードを入力すると、その単語の関数までジャンプします。M A Xと複数の文字を入力することもできます。

関数の挿入 ? ×

関数の検索(S):

何がしたいかを簡単に入力して、[検索開始]をクリックしてください。 検索開始(G)

関数の分類(C): 最近使った関数

関数名(N):

MAX
SUM
COUNTIF
IFS
IF
AVERAGE
ACCRINT

MAX(数値1,数値2,...)
引数の最大値を返します。論理値および文字列は無視されます。

この関数のヘルプ OK キャンセル

4-6-5 最小
さいしょう

MIN関数を使って最小値を計算しましょう。
かんすう つか さいしょうち けいさん

MIN関数で最小値を求める
かんすう さいしょうち もと

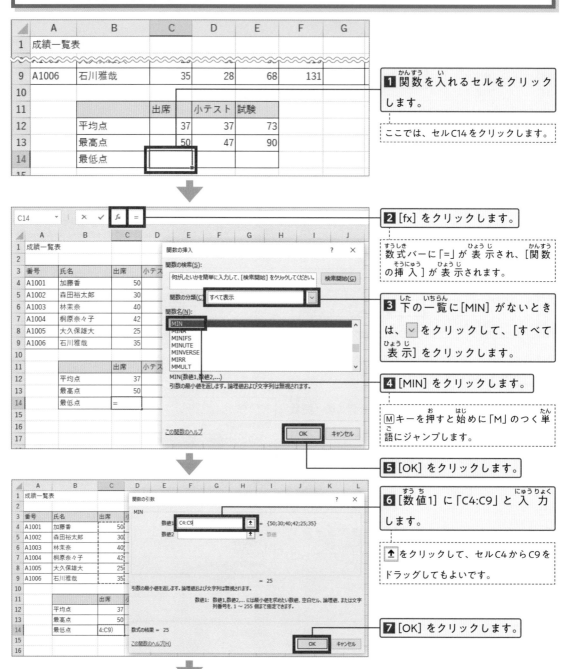

	A	B	C	D	E	F	G
1	成績一覧表						
9	A1006	石川雅哉	35	28	68	131	
10							
11			出席	小テスト	試験		
12		平均点	37	37	73		
13		最高点	50	47	90		
14		最低点					

1 関数を入れるセルをクリック
かんすう い
します。

ここでは、セルC14をクリックします。

2 [fx] をクリックします。

数式バーに「=」が表示され、[関数
すうしき ひょうじ かんすう
の挿入] が表示されます。
そうにゅう ひょうじ

3 下の一覧に[MIN] がないとき
した いちらん
は、☑ をクリックして、[すべて
表示] をクリックします。
ひょうじ

4 [MIN] をクリックします。

Ｍキーを押すと始めに「M」のつく単
お はじ たん
語にジャンプします。
ご

5 [OK] をクリックします。

6 [数値1] に「C4:C9」と入力
すうち にゅうりょく
します。

↑ をクリックして、セルC4からC9を
ドラッグしてもよいです。

7 [OK] をクリックします。

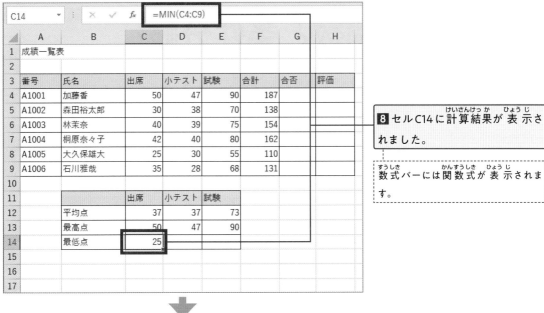

8 セルC14に計算結果が表示されました。

数式バーには関数式が表示されます。

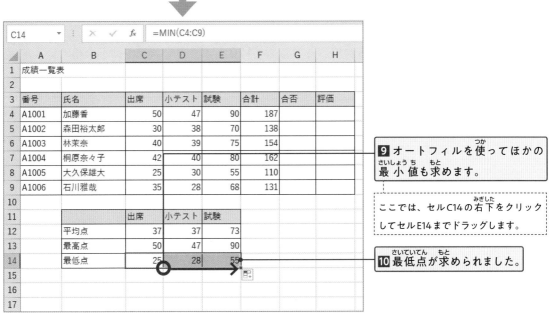

9 オートフィルを使ってほかの最小値も求めます。

ここでは、セルC14の右下をクリックしてセルE14までドラッグします。

10 最低点が求められました。

4-6-6 IF関数と条件分岐

条件分岐とは、「もし、条件が合えば、処理Aを行い、条件が合わなければ、処理Bを行う」というプログラムの命令をいいます。

たとえば、『もし、120点以上なら「合格」、違うなら「不合格」』といった判定に使います。

Excelでは、条件分岐にIF関数を使います。IFは「もし」という意味です。以下で、IF関数を使ってみましょう。

●条件分岐のしくみ

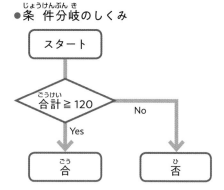

IF関数で条件を判定する

もし、合計が120点以上なら合格、それ以外（120点より低い場合）は不合格という判定をIF関数で行います。

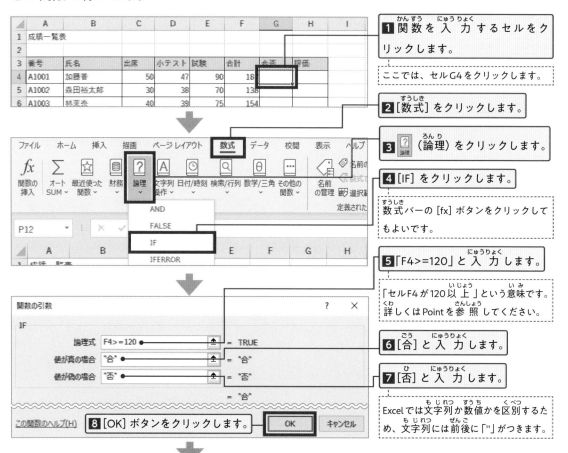

1 関数を入力するセルをクリックします。

ここでは、セルG4をクリックします。

2 [数式] をクリックします。

3 ？(論理) をクリックします。

4 [IF] をクリックします。

数式バーの [fx] ボタンをクリックしてもよいです。

5 「F4>=120」と入力します。

「セルF4が120以上」という意味です。詳しくはPointを参照してください。

6 [合] と入力します。

7 [否] と入力します。

Excelでは文字列か数値かを区別するため、文字列には前後に「"」がつきます。

8 [OK] ボタンをクリックします。

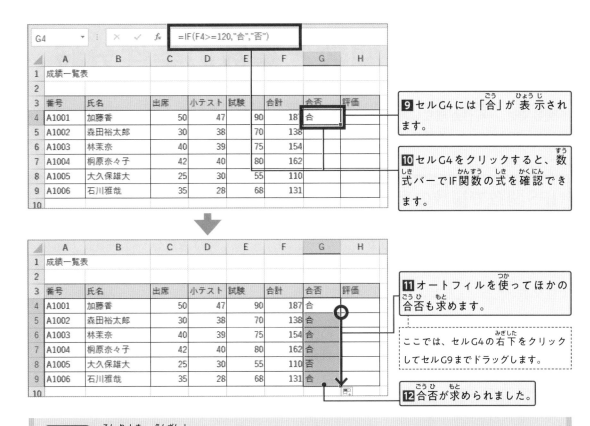

セル範囲 G4: =IF(F4>=120,"合","否")

⑨ セルG4には「合」が表示されます。

⑩ セルG4をクリックすると、数式バーでIF関数の式を確認できます。

⑪ オートフィルを使ってほかの合否も求めます。

ここでは、セルG4の右下をクリックしてセルG9までドラッグします。

⑫ 合否が求められました。

📎**Point** **論理式と演算子**

手順 **⑤** で入力したIF関数の引数を「論理式」といいます。論理式とは、演算子（計算するための記号：operator symbol）を組み合わせた式のことをいいます。演算子には下の表のような種類があります。

演算子	意味	入力例
=	等しい	A1=B1
>	より大きい	A1>B1
<	より小さい（未満）	A1<B1
>=	以上	A1>=B1
<=	以下	A1<=B1
<>	等しくない	A1<>B1

手順 **⑤** の「論理式」に入力した「>=」は「以上」を表す演算子です。手順 **⑥** の「値が真の場合」は、論理式が「成立する場合」という意味です。手順 **⑦** の「値が偽の場合」は、論理式が「成立しない場合」という意味です。つまり、セルF4の値が120以上なら「合」と表示され、そうでない場合は「否」と表示されます。なお、120以上、120以下といった場合、120を含みます。120未満は120を含みません。

4-6-7 IFS関数と複数の条件分岐

IF関数では、条件が成立した場合、条件が成立しなかった場合、という2つのケースを学びました。IFS関数は、複数の条件を判定したいときに使います。

IFS関数で複数の条件を判定する

4-6-6では点数が「合」か「否」か2つの判定でした。ここでは点数を「A」、「B」、「C」の3つで判定しましょう。150点以上はA、120点以上はB、120点未満はCとします。ここではリボンから入力します。

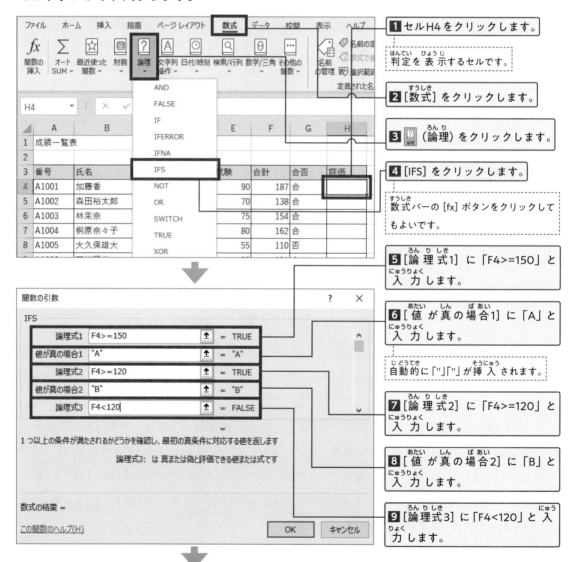

1. セルH4をクリックします。

判定を表示するセルです。

2. [数式] をクリックします。

3. ? (論理) をクリックします。

4. [IFS] をクリックします。

数式バーの [fx] ボタンをクリックしてもよいです。

5. [論理式1] に「F4>=150」と入力します。

6. [値が真の場合1] に「A」と入力します。

自動的に「"」「"」が挿入されます。

7. [論理式2] に「F4>=120」と入力します。

8. [値が真の場合2] に「B」と入力します。

9. [論理式3] に「F4<120」と入力します。

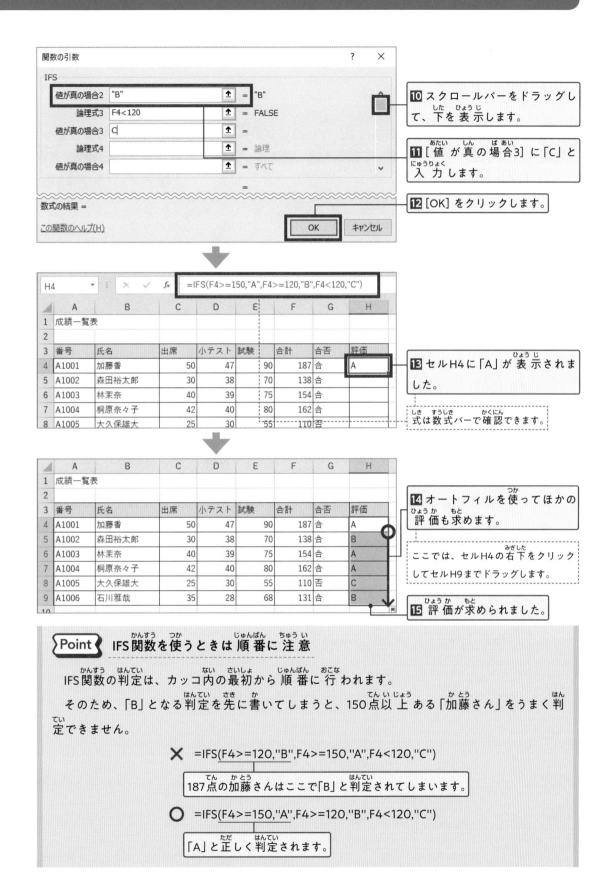

関数の引数

IFS

値が真の場合2	"B"	↑	= "B"
論理式3	F4<120	↑	= FALSE
値が真の場合3	C	↑	=
論理式4		↑	= 論理
値が真の場合4		↑	= すべて

=

数式の結果 =

この関数のヘルプ(H)　　　　　　　　　　OK　キャンセル

10 スクロールバーをドラッグして、下を表示します。

11 [値が真の場合3]に「C」と入力します。

12 [OK]をクリックします。

H4　　fx　=IFS(F4>=150,"A",F4>=120,"B",F4<120,"C")

	A	B	C	D	E	F	G	H
1	成績一覧表							
2								
3	番号	氏名	出席	小テスト	試験	合計	合否	評価
4	A1001	加藤香	50	47	90	187	合	A
5	A1002	森田裕太郎	30	38	70	138	合	
6	A1003	林茉奈	40	39	75	154	合	
7	A1004	桐原奈々子	42	40	80	162	合	
8	A1005	大久保雄大	25	30	55	110	否	

13 セルH4に「A」が表示されました。

式は数式バーで確認できます。

	A	B	C	D	E	F	G	H
1	成績一覧表							
2								
3	番号	氏名	出席	小テスト	試験	合計	合否	評価
4	A1001	加藤香	50	47	90	187	合	A
5	A1002	森田裕太郎	30	38	70	138	合	B
6	A1003	林茉奈	40	39	75	154	合	A
7	A1004	桐原奈々子	42	40	80	162	合	A
8	A1005	大久保雄大	25	30	55	110	否	C
9	A1006	石川雅哉	35	28	68	131	合	B
10								

14 オートフィルを使ってほかの評価も求めます。

ここでは、セルH4の右下をクリックしてセルH9までドラッグします。

15 評価が求められました。

Point IFS関数を使うときは順番に注意

IFS関数の判定は、カッコ内の最初から順番に行われます。

そのため、「B」となる判定を先に書いてしまうと、150点以上ある「加藤さん」をうまく判定できません。

× =IFS(F4>=120,"B",F4>=150,"A",F4<120,"C")

187点の加藤さんはここで「B」と判定されてしまいます。

○ =IFS(F4>=150,"A",F4>=120,"B",F4<120,"C")

「A」と正しく判定されます。

練習問題

課題 1
サンプルファイルを読み込んで、クリニックの外来患者数の表を作成しましょう。
①合計人数　②平均人数　③最多人数　④最少人数を、[fx]ボタンから関数を選択して計算しましょう。

⬇ サンプル　4-6_課題1.xlsx

	A	B	C	D	E	F	G	H
1	技術クリニック　外来患者数							
2								(単位：人)
3		4月1日	4月2日	4月3日	4月4日	4月5日	4月6日	合計
4	内科	100	78	85	86	90	95	
5	小児科	57	39	46	41	48	54	
6								
7		平均	最多	最少				
8	内科							
9	小児科							

⬇ 完成例　4-6_課題1_完成例.xlsx

課題 2
サンプルファイルを読み込んで、特別顧客会員一覧の表を作成しましょう。
①IF関数による条件分岐を使い、セルD4からD9に購入額が10,000円以上なら「○」、10,000円未満なら「×」と表示させましょう。
②IFS関数による複数の条件分岐を使い、セルE4からE9に購入額が50,000円以上なら「ゴールド」、30000円以上なら「シルバー」、10000円以上なら「ブロンズ」、10000円未満なら「一般」と表示させましょう。

⬇ サンプル　4-6_課題2.xlsx

	A	B	C	D	E
1	ABC百貨店　特別顧客会員一覧				
2					
3	No.	顧客名	購入額	会員資格	ステータス
4	1	村松 光子	¥6,500		
5	2	木本 裕太郎	¥10,800		
6	3	平沢 悦子	¥38,888		
7	4	山下 真瑾	¥25,504		
8	5	梅津 智孝	¥5,800		
9	6	松井 一郎	¥52,400		
10					
11		会員資格	購入額10,000円以上		
12					
13		購入額	ステータス		
14		¥50,000〜	ゴールド		
15		¥30,000〜	シルバー		
16		¥10,000〜	ブロンズ		
17		¥10,000未満	一般		

⬇ 完成例　4-6_課題2_完成例.xlsx

5章

PowerPoint 編

5章 PowerPoint編で学ぶ内容

5-1 PowerPointの基本

PowerPointの起動や終了、プレゼンテーションの保存など、基本操作について学びます。

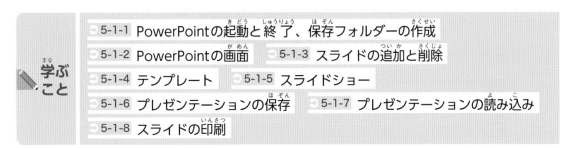

学ぶこと

⮕ 5-1-1 PowerPointの起動と終了、保存フォルダーの作成
⮕ 5-1-2 PowerPointの画面　⮕ 5-1-3 スライドの追加と削除
⮕ 5-1-4 テンプレート　⮕ 5-1-5 スライドショー
⮕ 5-1-6 プレゼンテーションの保存　⮕ 5-1-7 プレゼンテーションの読み込み
⮕ 5-1-8 スライドの印刷

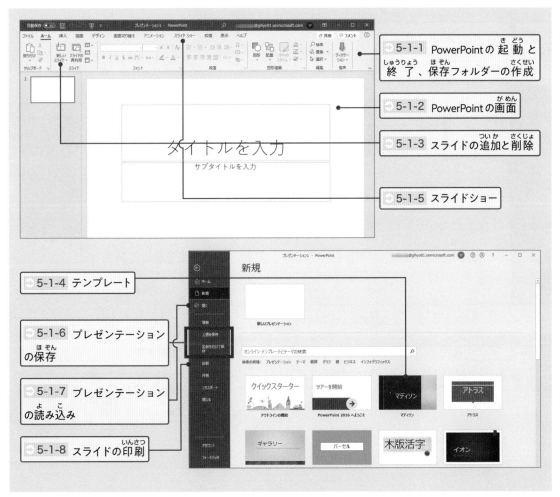

⮕ 5-1-1 PowerPointの起動と終了、保存フォルダーの作成

⮕ 5-1-2 PowerPointの画面

⮕ 5-1-3 スライドの追加と削除

⮕ 5-1-5 スライドショー

⮕ 5-1-4 テンプレート

⮕ 5-1-6 プレゼンテーションの保存

⮕ 5-1-7 プレゼンテーションの読み込み

⮕ 5-1-8 スライドの印刷

PowerPointの起動と終了、保存フォルダーの作成

PowerPointの起動と終了

PowerPointの起動と終了方法を学びます。

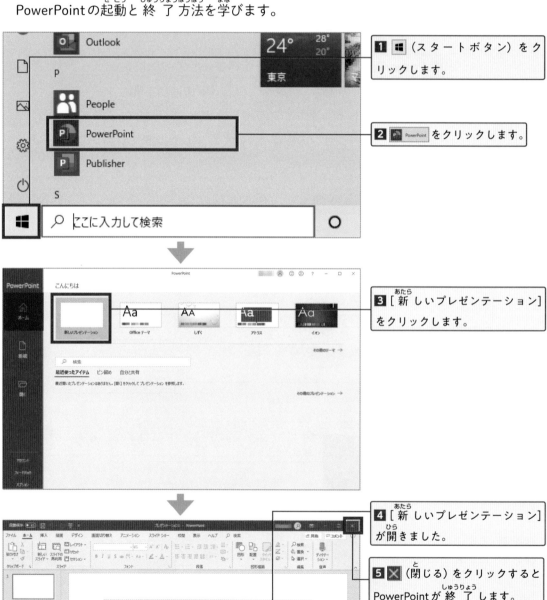

1 ■ (スタートボタン) をクリックします。

2 [PowerPoint] をクリックします。

3 [新しいプレゼンテーション] をクリックします。

4 [新しいプレゼンテーション] が開きました。

5 ✕ (閉じる) をクリックすると PowerPoint が終了します。

「ドキュメント」に自分用の保存フォルダーを作成

これから学習するスライドを、「ファイルとして保存」するためのフォルダーを準備します。「ドキュメント」フォルダーにファイル保存用のフォルダーを作成しましょう。手順は次のとおりです。

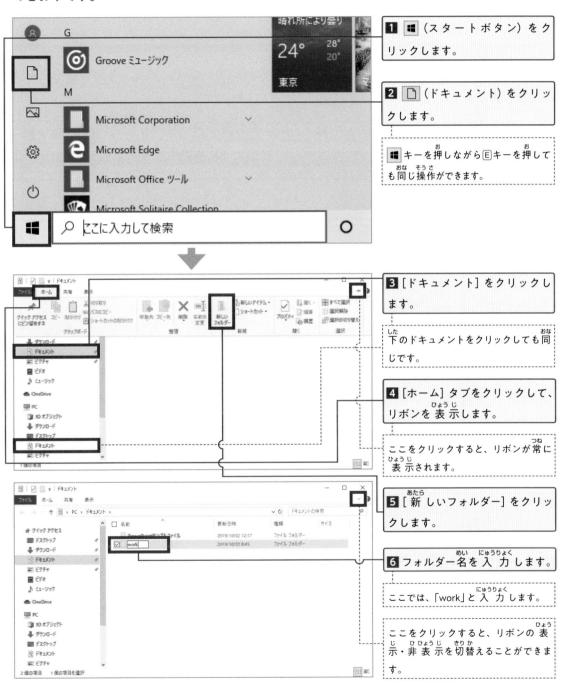

1 ■ (スタートボタン) をクリックします。

2 □ (ドキュメント) をクリックします。

■ キーを押しながらEキーを押しても同じ操作ができます。

3 [ドキュメント] をクリックします。

下のドキュメントをクリックしても同じです。

4 [ホーム] タブをクリックして、リボンを表示します。

ここをクリックすると、リボンが常に表示されます。

5 [新しいフォルダー] をクリックします。

6 フォルダー名を入力します。

ここでは、「work」と入力します。

ここをクリックすると、リボンの表示・非表示を切替えることができます。

5-1-2 PowerPointの画面

PowerPointを始める前にPowerPointの画面の各部の役割を理解しましょう。

PowerPointの構成要素

PowerPointの画面の各部には次のような名前が付いています。また、各部にはそれぞれの役割があります。

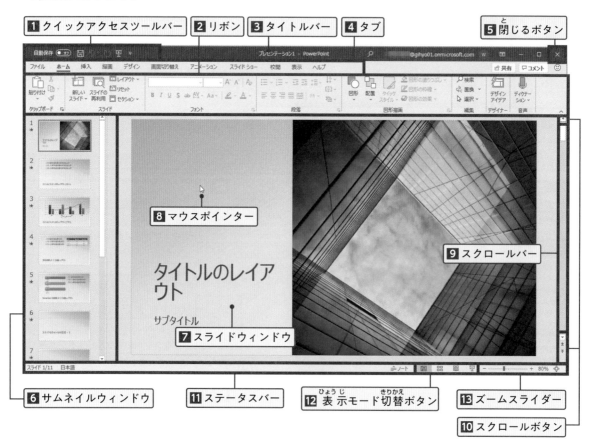

1 クイックアクセスツールバー
よく使うコマンドが登録されています。

2 リボン
操作に必要なコマンドが機能別のグループになっています。

3 タイトルバー
ファイル名（プレゼンテーション名）が表示されます。

4 タブ
クリックするとリボンを切り替えることができます。

5 閉じるボタン

クリックするとPowerPointが終了します。

6 サムネイルウィンドウ

すべてのスライドの縮小版（サムネイル）が表示されます。

7 スライドウィンドウ

スライド全体が表示され、スライドの作成と編集を行います。

8 マウスポインター

マウスの位置が表示されます。

9 スクロールバー

ドラッグして上下に動かすと、画面が上下にスクロールします。

10 スクロールボタン

[▲][▼]をクリックすると画面が上下にスクロールします。

11 ステータスバー

プレゼンテーションの状態などが表示されます。

12 表示モード切替ボタン

クリックすると画面の表示モードが切り替わります。くわしくは下記のPointを参照してください。

13 ズームスライダー

ドラッグすると画面の表示倍率が変わります。右側に倍率が表示されます。

Point　表示モード切替ボタン

12の[表示モード切替ボタン]には、さまざまな表示モードが用意されています。スライド一覧でプレゼンテーション全体の構成を確認したり、閲覧表示でスライドを表示したときのイメージを確認することができます。

標準

通常の表示です。

スライド一覧

プレゼンテーション全体を確認できます。

閲覧表示

スライドの表示状態を確認できます。

スライドショー

スライドショーを実行できます。

5-1-3 スライドの追加と削除

プレゼンテーションは、複数のスライドを順番に見せながら行います。ここでは新しいスライドを追加する方法と、スライドを削除する方法を学びます。

スライドの追加

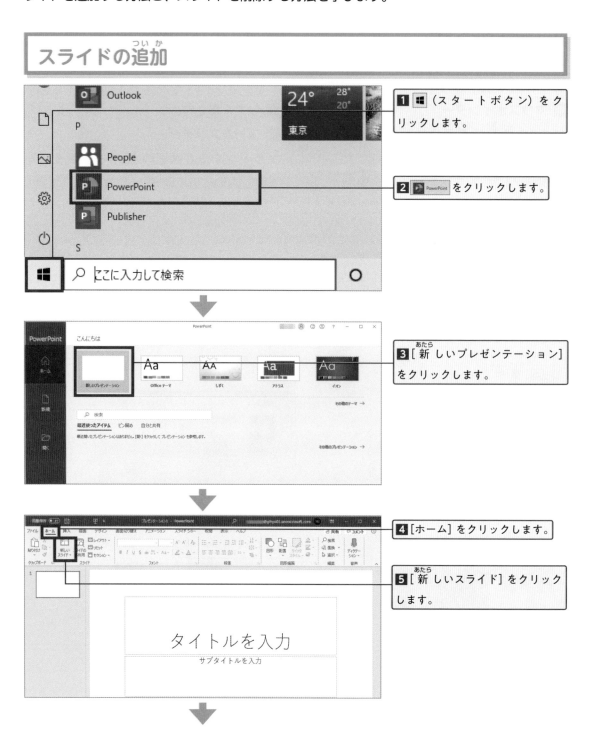

1 ⊞（スタートボタン）をクリックします。

2 [PowerPoint] をクリックします。

3 [新しいプレゼンテーション]をクリックします。

4 [ホーム] をクリックします。

5 [新しいスライド] をクリックします。

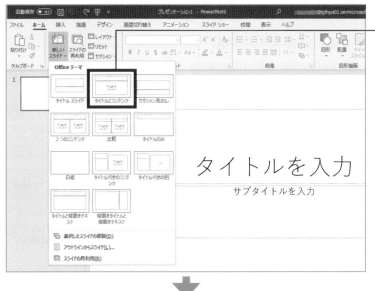

6 テーマをクリックします。

ここでは、「タイトルとコンテンツ」を
クリックします。

スライドにはさまざまなテーマ（Office
のテーマ）が用意されています。作成
したいスライドに合ったテーマを選択
します。

7 スライドが追加されました。

追加されたスライドの内容が表示さ
れています。

Point スライドとプレゼンテーション

　PowerPointはプレゼンテーションのためのアプリケーションです。複数のスライドを作成し、それらをスライドショーとして、1枚ずつ順番に表示することができます。下の画面では、左側には作成したスライドがサムネイル表示されています。右側にはサムネイルで選択したスライドが表示され、編集することができます。

　また、タイトルバーにはプレゼンテーション名が表示されています。このプレゼンテーション名はファイル名と同じです。

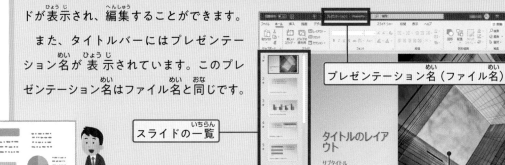

プレゼンテーション名（ファイル名）

スライドの一覧

スライドの枚数と
選択中のスライド

スライド 1/11

選択中のスライド

スライドの削除

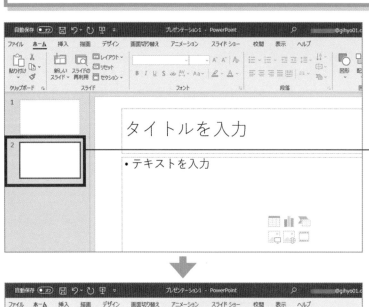

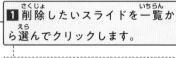

1 削除したいスライドを一覧から選んでクリックします。

ここでは2枚目のスライドを削除します。

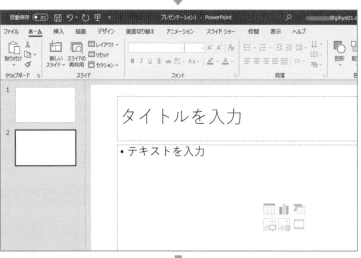

2 Delete キーを押します。

マウスを右クリックし、[スライドの削除] を選んでもよいです。

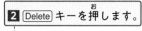

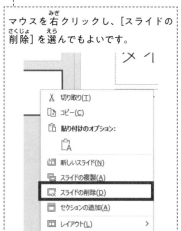

3 スライドが削除されました。

スライドの一覧からも消えました。

Point ショートカットキー一覧

　ショートカットキーとは、キーボードのキーを組み合わせて行う操作のことです。覚えると、作業がとてもスピードアップします。たとえば、Ctrl + N は、Ctrl キーを押しながら N キーを押すという意味です。ショートカットキーはたくさんありますが、下記はその一部です。

Ctrl + N	新規作成	Ctrl + Home	最初のスライドに行く
Ctrl + O	ファイルを開く	Ctrl + End	最後のスライドに行く
Ctrl + W	ファイルを閉じる	PageUP	前のスライドに行く
Alt + F4	PowerPointの終了	PageDown	次のスライドに行く
F12	名前を付けて保存	Ctrl + B	太字
Ctrl + S	上書き保存	Ctrl + I	斜体
Ctrl + X	切り取り	Ctrl + U	下線
Ctrl + C	コピー	F2	編集モードにする
Ctrl + V	貼り付け	Ctrl + D	スライドを複写する
Ctrl + Z	元に戻す	Ctrl + F	検索
Ctrl + Y	操作の繰り直し	Ctrl + H	置換
Ctrl + P	印刷	Ctrl + A	シート全体を選択
F4	操作の繰り返し	Shift + F10	右クリックメニューを表示

Point ［上書き保存］ボタンで素早く保存

　上書き保存は Ctrl + S でもすばやくできますが、クイックアクセスツールバーの［上書き保存］ボタンも、クリックするだけですばやく上書き保存できます。このようにPowerPointには1つの処理に対して複数のやり方が用意されています。

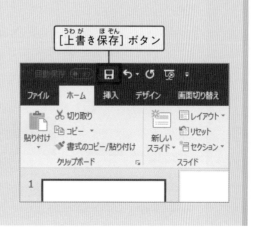

［上書き保存］ボタン

5-1-4 テンプレート

テンプレートを利用すると、スライドの作成が楽に行えます。PowerPointにはさまざまなテンプレートが用意されています。PowerPointでは起動したときに、テンプレートを選択することができます。

テンプレートの選択

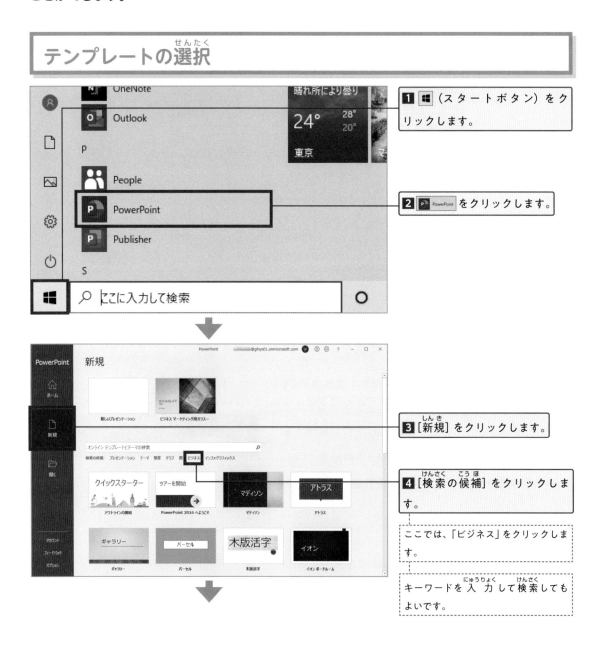

1 （スタートボタン）をクリックします。

2 ![PowerPoint] をクリックします。

3 [新規]をクリックします。

4 [検索の候補]をクリックします。

ここでは、「ビジネス」をクリックします。

キーワードを入力して検索してもよいです。

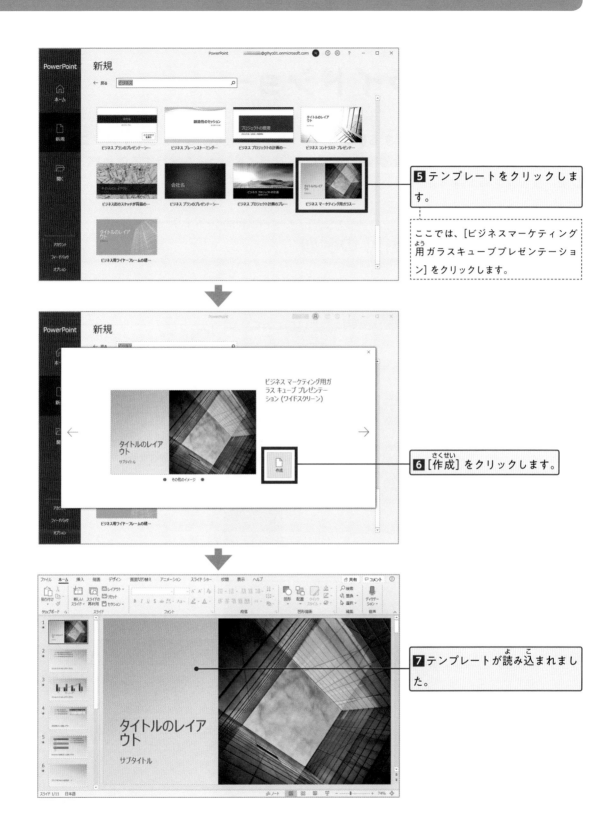

5 テンプレートをクリックします。

ここでは、[ビジネスマーケティング用 ガラスキューブプレゼンテーション] をクリックします。

6 [作成] をクリックします。

7 テンプレートが読み込まれました。

5-1-5 スライドショー

作成したスライドを次々と表示する機能をスライドショーといいます。ノートパソコンなど を大きな外部モニターやプロジェクターにつなぎ、スライドショーを実行することで、プレゼ ンテーションを行います。

「スライドショーの実行」の手順

PowerPointを使って、スライドショーを実行してみましょう。

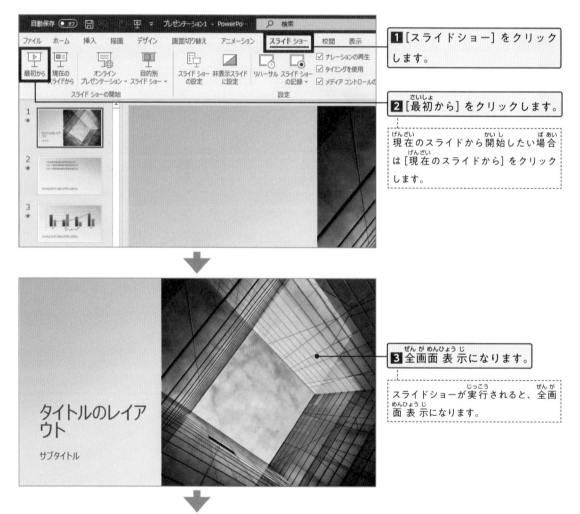

1 [スライドショー] をクリック します。

2 [最初から] をクリックします。

現在のスライドから開始したい場合 は [現在のスライドから] をクリック します。

3 全画面表示になります。

スライドショーが実行されると、全画 面表示になります。

- ここに最初の箇条書き項目を追加します
- ここに 2 番目の箇条書き項目を追加します
- ここに 3 番目の箇条書き項目を追加します

タイトルとコンテンツのレイアウト (リスト)

4 マウスをクリックしてスライドを進めます。

[Enter] キー、[Space] キー、[→] キーのどれかを押しても、スライドを進めることができます。

[BackSpace] キーまたは [←] キーを押すと、1つ前の状態に戻ります。

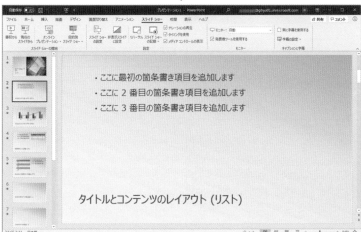

5 [Esc] キーを押すと、スライドショーを中止することができます。

マウスを右クリックし、表示されたメニューから [スライドショーの終了] を選んでも、スライドショーを中止できます。

> **Point** 表示切替ボタンからのスライドショーの実行

画面右下にある表示切替ボタンの 🖵 をクリックしても、スライドショーを実行できます。

ただし、最初からではなく、スライドの一覧で選択してあるスライドから実行されます。

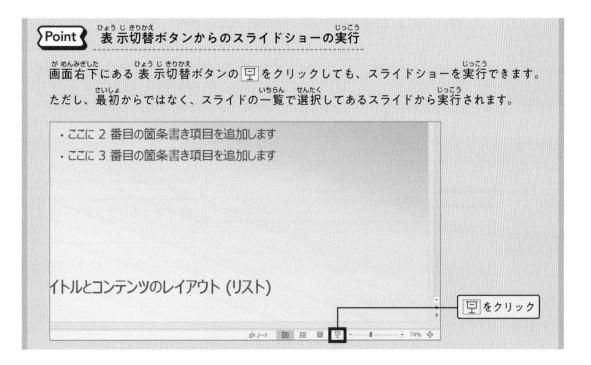

🖵 をクリック

5-1-6 プレゼンテーションの保存

プレゼンテーションの保存には、「名前を付けて保存」と、「上書き保存」があります。はじめて保存する場合、あるいは、別の名前を付けて保存したいときは、「名前を付けて保存」を選びます。一度保存したら、次からは上書き保存できます。上書き保存ではファイル名はそのままで内容だけが更新されます。

「名前を付けて保存」の手順

1 [ファイル] をクリックします。

2 [名前を付けて保存] をクリックします。

3 [参照] をクリックします。

4 [ドキュメント] をクリックします。

5 保存したいフォルダーをダブルクリックします。

ここでは「work」フォルダーをダブルクリックします。

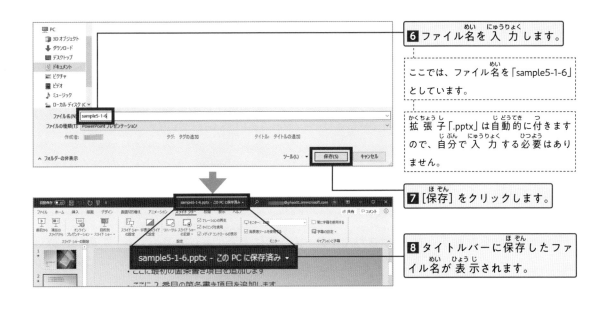

6 ファイル名を入力します。

ここでは、ファイル名を「sample5-1-6」としています。

拡張子「.pptx」は自動的に付きますので、自分で入力する必要はありません。

7 [保存]をクリックします。

8 タイトルバーに保存したファイル名が表示されます。

「上書き保存」の手順

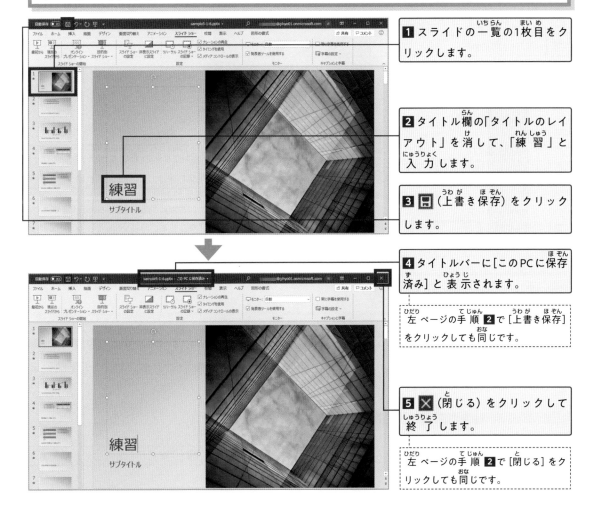

1 スライドの一覧の1枚目をクリックします。

2 タイトル欄の「タイトルのレイアウト」を消して、「練習」と入力します。

3 🖫 (上書き保存)をクリックします。

4 タイトルバーに[このPCに保存済み]と表示されます。

左ページの手順 2 で[上書き保存]をクリックしても同じです。

5 ✕ (閉じる)をクリックして終了します。

左ページの手順 2 で[閉じる]をクリックしても同じです。

5-1-7 プレゼンテーションの読み込み

PowerPointで作成したプレゼンテーションファイルの読み込み方法は、複数のやり方があります。

［最近使ったアイテム］からの読み込み

PowerPointを起動すると表示される［ホーム］には［最近使ったアイテム］があり、最近保存したファイルから順番にリスト表示されています。目的のファイルをクリックすると読み込むことができます。

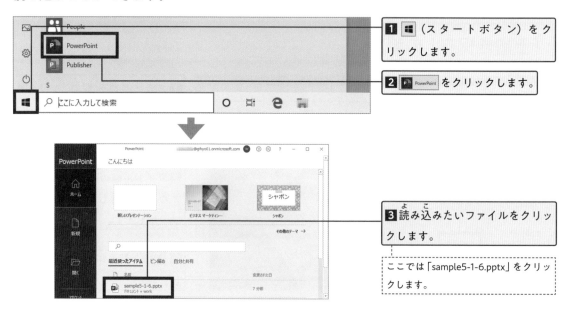

1 ■（スタートボタン）をクリックします。

2 PowerPoint をクリックします。

3 読み込みたいファイルをクリックします。

ここでは「sample5-1-6.pptx」をクリックします。

［開く］からの読み込み

［最近使ったアイテムに］読み込みたいファイルがない場合や、すでにPowerPointを起動している状態から別のプレゼンテーションを選んで読み込みたいときは、［開く］を使います。

1 ［ファイル］をクリックします。

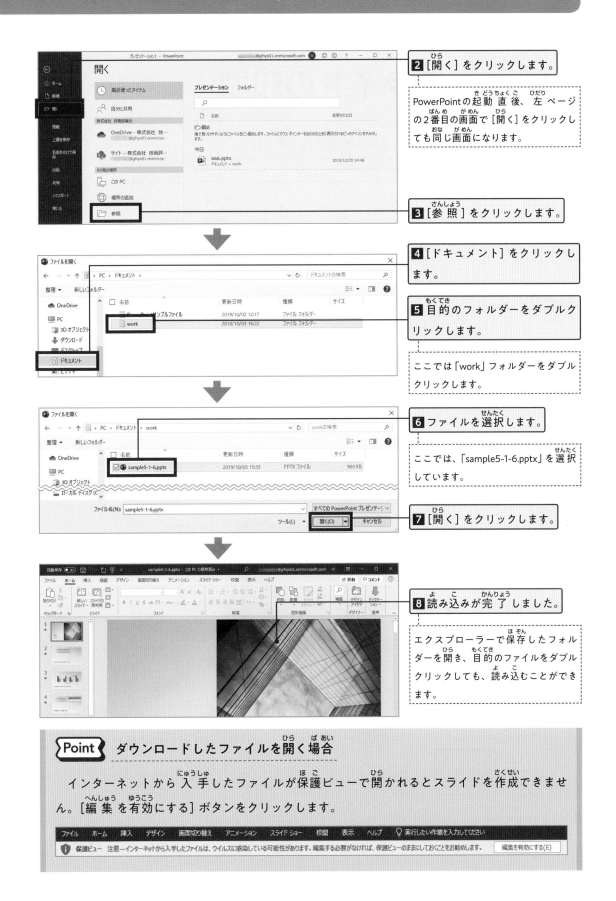

2 [開く] をクリックします。

PowerPointの起動直後、左ページの2番目の画面で [開く] をクリックしても同じ画面になります。

3 [参照] をクリックします。

4 [ドキュメント] をクリックします。

5 目的のフォルダーをダブルクリックします。

ここでは「work」フォルダーをダブルクリックします。

6 ファイルを選択します。

ここでは、「sample5-1-6.pptx」を選択しています。

7 [開く] をクリックします。

8 読み込みが完了しました。

エクスプローラーで保存したフォルダーを開き、目的のファイルをダブルクリックしても、読み込むことができます。

Point ダウンロードしたファイルを開く場合

インターネットから入手したファイルが保護ビューで開かれるとスライドを作成できません。[編集を有効にする] ボタンをクリックします。

ファイル　ホーム　挿入　デザイン　画面切り替え　アニメーション　スライドショー　校閲　表示　ヘルプ　♀ 実行したい作業を入力してください

🛈 保護ビュー　注意―インターネットから入手したファイルは、ウイルスに感染している可能性があります。編集する必要がなければ、保護ビューのままにしておくことをお勧めします。　　　編集を有効にする(E)

5-1-8 スライドの印刷

PowerPointで作成したスライドを印刷する方法を学びます。

「印刷」の手順

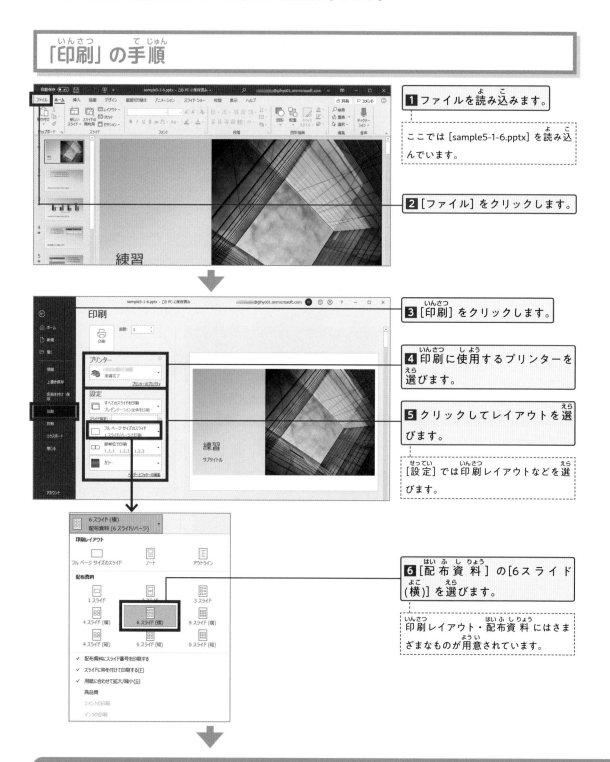

1 ファイルを読み込みます。

ここでは [sample5-1-6.pptx] を読み込んでいます。

2 [ファイル] をクリックします。

3 [印刷] をクリックします。

4 印刷に使用するプリンターを選びます。

5 クリックしてレイアウトを選びます。

[設定] では印刷レイアウトなどを選びます。

6 [配布資料] の [6スライド (横)] を選びます。

印刷レイアウト・配布資料にはさまざまなものが用意されています。

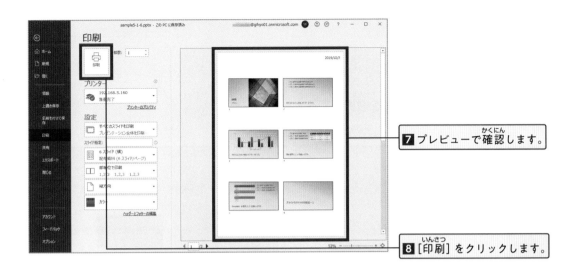

7 プレビューで確認します。

8 [印刷] をクリックします。

Point 印刷の設定

印刷の画面では、印刷部数や印刷形式などの印刷に関する設定ができます。

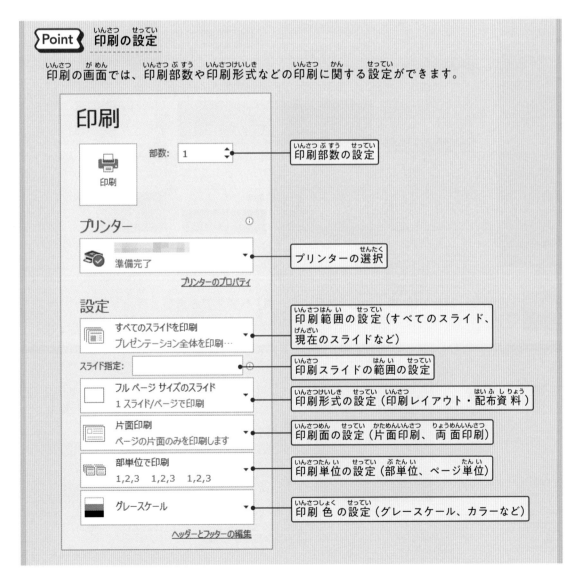

印刷部数の設定

プリンターの選択

印刷範囲の設定 (すべてのスライド、現在のスライドなど)

印刷スライドの範囲の設定

印刷形式の設定 (印刷レイアウト・配布資料)

印刷面の設定 (片面印刷、両面印刷)

印刷単位の設定 (部単位、ページ単位)

印刷色の設定 (グレースケール、カラーなど)

練習問題
(れんしゅうもんだい)

 課題 1

さまざまなテンプレートを選択(せんたく)してみましょう。

 課題 2

表示(ひょうじ)モードを[標準(ひょうじゅん)]から[スライド一覧(いちらん)]へ変(か)えてみましょう。

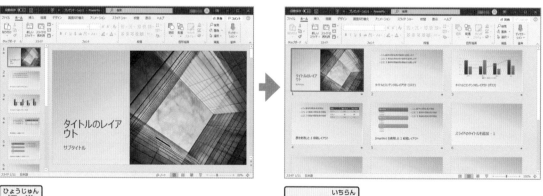

5-2 素材の利用

スライドのデザイン、画像や図形の挿入と設定、テキストボックスの挿入、SmartArtの挿入、ヘッダーとフッターの挿入について学びます。

学ぶこと

→ 5-2-1 スライドのデザイン　　→ 5-2-2 画像の挿入

→ 5-2-3 図形やテキストボックスの挿入　　→ 5-2-4 SmartArt

→ 5-2-5 ヘッダーとフッター

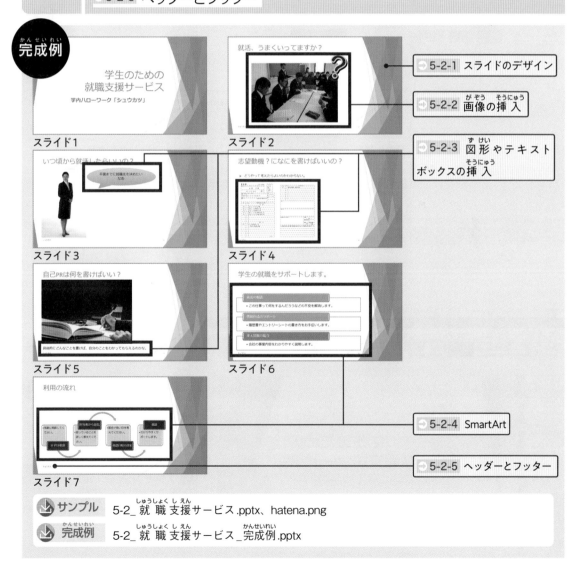

完成例

スライド1

スライド2 → 5-2-1 スライドのデザイン → 5-2-2 画像の挿入

スライド3

スライド4 → 5-2-3 図形やテキストボックスの挿入

スライド5

スライド6

スライド7 → 5-2-4 SmartArt → 5-2-5 ヘッダーとフッター

サンプル 5-2_就職支援サービス.pptx、hatena.png

完成例 5-2_就職支援サービス_完成例.pptx

5-2-1 スライドのデザイン

プレゼンテーションのスライドのデザインを設定します。目的に合わせたテーマや配色、フォントにします。

テーマの適用

サンプル 5-2_就職支援サービス.pptx

テーマを利用して、スライドのデザインを適用します。テーマは、[配色]、[フォント]、[効果]、[背景のスタイル]の4つの要素で構成されています。

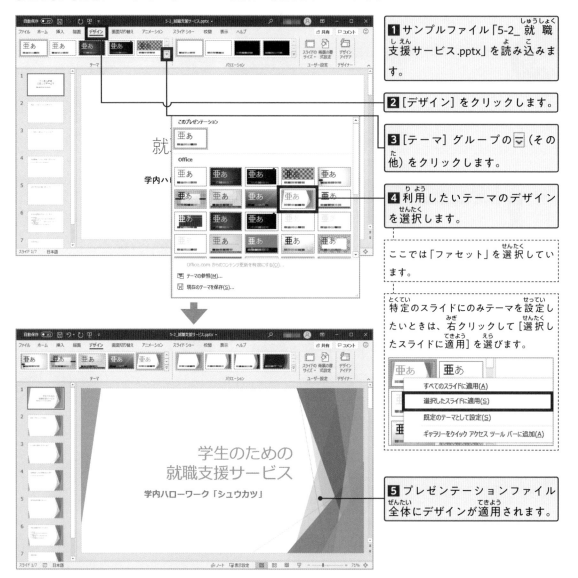

1 サンプルファイル「5-2_就職支援サービス.pptx」を読み込みます。

2 [デザイン] をクリックします。

3 [テーマ] グループの ▽ (その他) をクリックします。

4 利用したいテーマのデザインを選択します。

ここでは「ファセット」を選択しています。

特定のスライドにのみテーマを設定したいときは、右クリックして [選択したスライドに適用] を選びます。

5 プレゼンテーションファイル全体にデザインが適用されます。

バリエーションによるアレンジ

設定したテーマは［バリエーション］グループで配色やフォントをアレンジできます。

◆ 配色

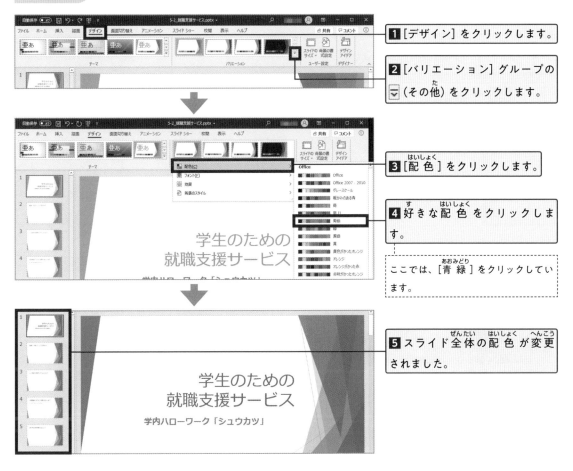

1 ［デザイン］をクリックします。

2 ［バリエーション］グループの
🔽（その他）をクリックします。

3 ［配色］をクリックします。

4 好きな配色をクリックします。

ここでは、［青緑］をクリックしています。

5 スライド全体の配色が変更されました。

◆ フォント

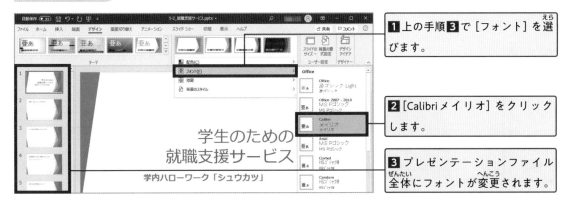

1 上の手順3で［フォント］を選びます。

2 ［Calibriメイリオ］をクリックします。

3 プレゼンテーションファイル全体にフォントが変更されます。

271

5-2-2 画像の挿入

スライドに画像を挿入します。オンライン画像とパソコンに保存してある画像の2通りの挿入方法を学びます。

オンライン画像の挿入
🔸サンプル hatena.png

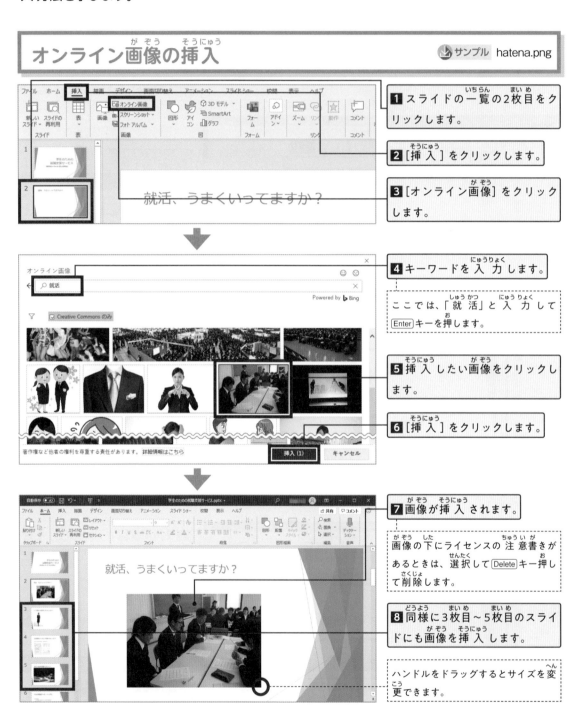

1 スライドの一覧の2枚目をクリックします。

2 [挿入]をクリックします。

3 [オンライン画像]をクリックします。

4 キーワードを入力します。

ここでは、「就活」と入力してEnterキーを押します。

5 挿入したい画像をクリックします。

6 [挿入]をクリックします。

7 画像が挿入されます。

画像の下にライセンスの注意書きがあるときは、選択してDeleteキー押して削除します。

8 同様に3枚目～5枚目のスライドにも画像を挿入します。

ハンドルをドラッグするとサイズを変更できます。

● スライド3

スライド3のキーワード
は「スーツ姿」

● スライド4

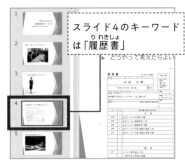

スライド4のキーワード
は「履歴書」

● スライド5

スライド5のキーワード
は「勉強」

画像の挿入

1 スライドの一覧の2枚目をクリックします。

2 [挿入]をクリックします。

3 [画像]をクリックします。

4 挿入したい画像を選択します。

ここでは、サンプルファイルの「hatena.png」を選択しています。

5 [挿入]をクリックします。

6 ハンドルをドラッグしてサイズを変更します。

7 画像をドラッグして位置を調整します。

8 回転ハンドルで角度をつけます。

5-2-3 図形やテキストボックスの挿入

スライドに図形やテキストボックスを挿入します。

図形の挿入

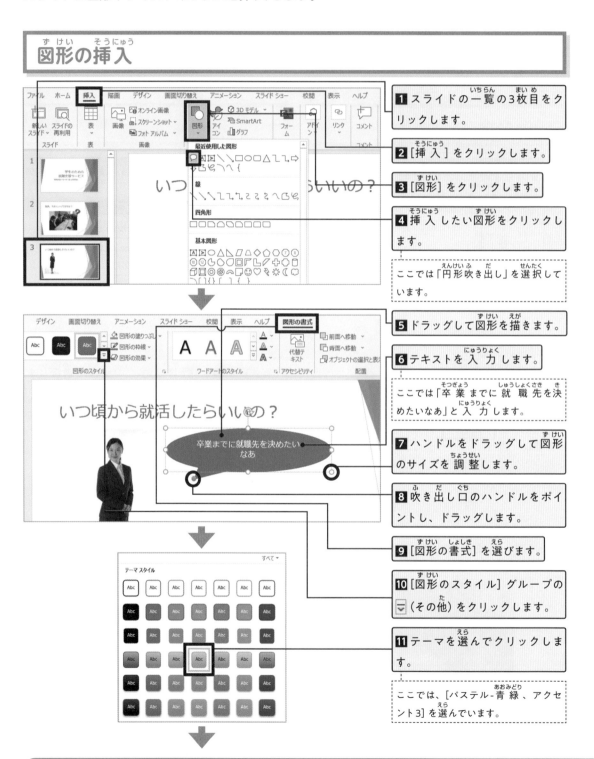

1 スライドの一覧の3枚目をクリックします。

2 [挿入] をクリックします。

3 [図形] をクリックします。

4 挿入したい図形をクリックします。

ここでは「円形吹き出し」を選択しています。

5 ドラッグして図形を描きます。

6 テキストを入力します。

ここでは「卒業までに就職先を決めたいなあ」と入力します。

7 ハンドルをドラッグして図形のサイズを調整します。

8 吹き出し口のハンドルをポイントし、ドラッグします。

9 [図形の書式] を選びます。

10 [図形のスタイル] グループの （その他）をクリックします。

11 テーマを選んでクリックします。

ここでは、[パステル-青緑、アクセント3] を選んでいます。

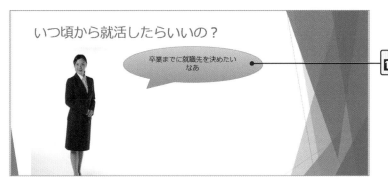

12 大きさや位置を調整します。

テキストボックスの挿入

1 スライドの一覧の5枚目をクリックします。

2 [挿入]をクリックします。

3 [テキストボックス]の下側をクリックします。

4 [横書きテキストボックスの描画]をクリックします。

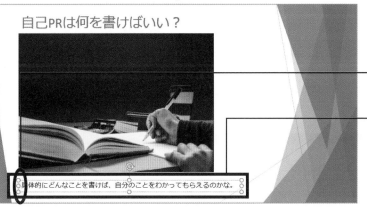

5 書き始めの位置でクリックします。

6 文字を入力します。

「具体的にどんなことを書けば、自分のことをわかってもらえるのかな。」と入力します。

> **Point** テキストボックスの操作
>
> ①挿入直後のテキストボックスにすぐに文字を入力せずに、テキストボックス以外をクリックすると、テキストボックスは削除されます。
>
> ②テキストボックスは、初期設定が「塗りつぶしなし」「枠線なし」になっています。

5-2-4 SmartArt

SmartArtを利用して、手順や組織図といった複雑な図形をスライドに挿入します。

SmartArtの挿入

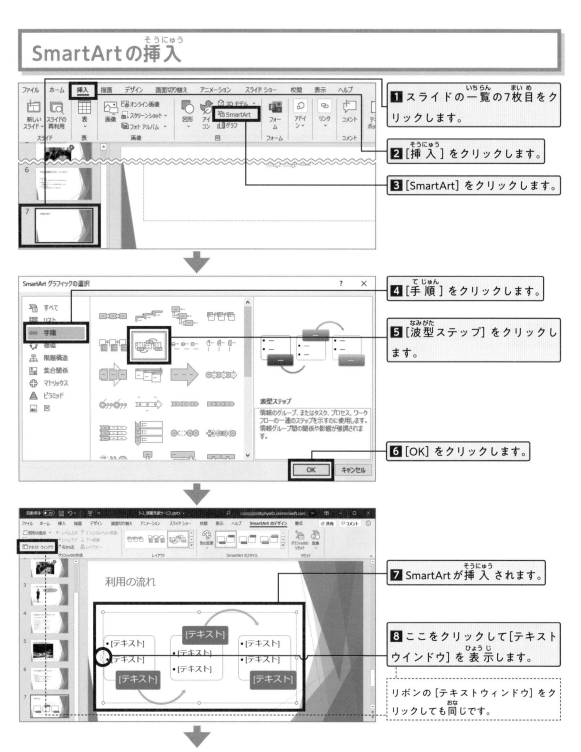

1 スライドの一覧の7枚目をクリックします。

2 [挿入] をクリックします。

3 [SmartArt] をクリックします。

4 [手順] をクリックします。

5 [波型ステップ] をクリックします。

6 [OK] をクリックします。

7 SmartArtが挿入されます。

8 ここをクリックして[テキストウィンドウ] を表示します。

リボンの [テキストウィンドウ] をクリックしても同じです。

不要な 行 は Delete キーを何度か押すと削除できます。

Shift + Tab キーで ● マークの 行 が 左 に移動します。Tab キーで右に移動します。

リボンの [←レベル上げ] [→レベル下げ] をクリックしても同じです。

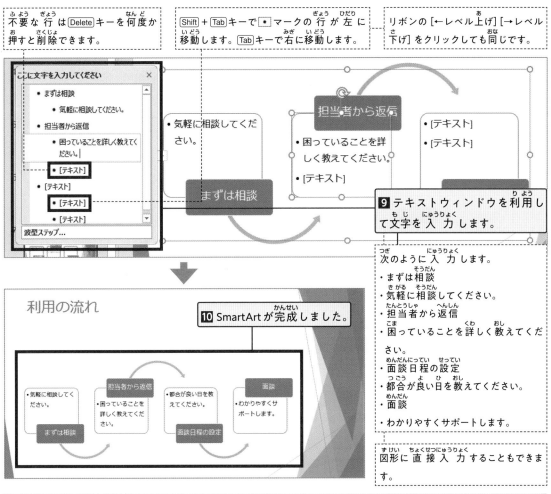

9 テキストウィンドウを利用して文字を 入 力 します。

次のように 入 力 します。
・まずは相談
・気軽に相談してください。
・担当者から返信
・困っていることを詳しく教えてください。
・面談日程の設定
・都合が良い日を教えてください。
・面談
・わかりやすくサポートします。

図形に 直 接 入 力 することもできます。

10 SmartArt が 完成しました。

図形に 直 接 入 力 することもできます。

> **Point** コンテンツプレースホルダとは

　スライドの2枚目や7枚目の 中 央にある薄いアイコンを囲む点線の枠を「コンテンツプレースホルダ」といいます。これらのアイコンをクリックすれば、画像や図形などの 挿 入 を 行 うことができます。コンテンツプレースホルダは、右図のように [新しいスライド] を追加する際、「コンテンツ」を含むスライドを追加したときに 表 示されます。

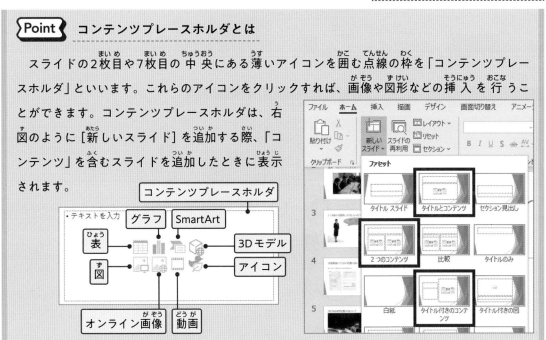

277

SmartArtの書式設定

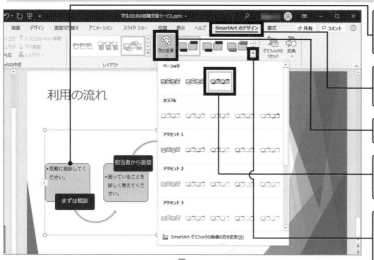

1 SmartArtの図をクリックします。

2 [SmartArtのデザイン] をクリックします。

3 [色の変更] をクリックします。

4 [塗りつぶし-濃色2] をクリックします。

5 [SmartArtのスタイル] グループの ▽ (その他) をクリックします。

6 [細黒枠] をクリックします。

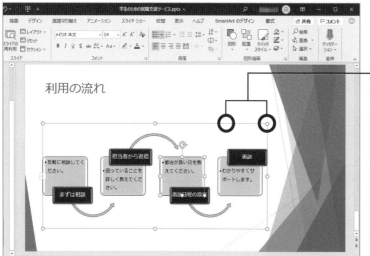

7 ドラッグして図の位置や大きさを調整します。

図形の外枠でマウスポインタの形が ✥ になると移動です。

図形のハンドルでマウスポインタの形が ↖ ↔ ↕ になるとサイズ変更です。図形内のフォントサイズも自動調整されます。

箇条書きをSmartArtに変換

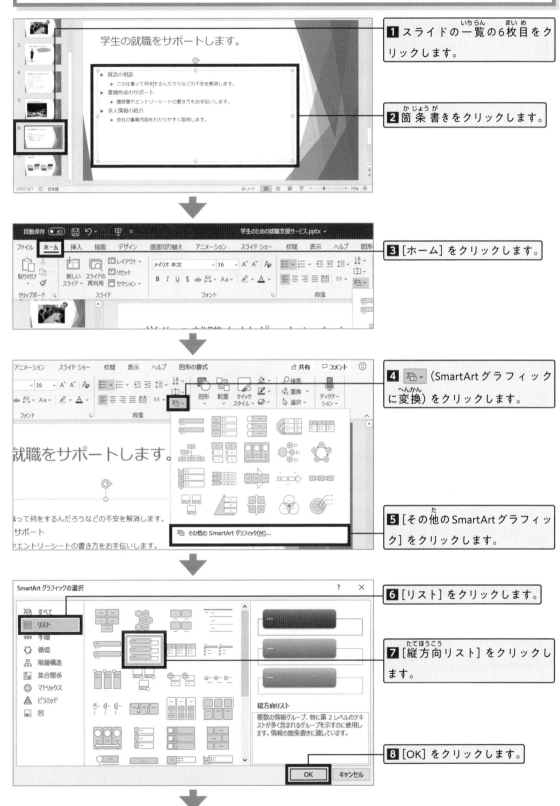

1 スライドの一覧の6枚目をクリックします。

2 箇条書きをクリックします。

3 [ホーム] をクリックします。

4 （SmartArtグラフィックに変換）をクリックします。

5 [その他のSmartArtグラフィック] をクリックします。

6 [リスト] をクリックします。

7 [縦方向リスト] をクリックします。

8 [OK] をクリックします。

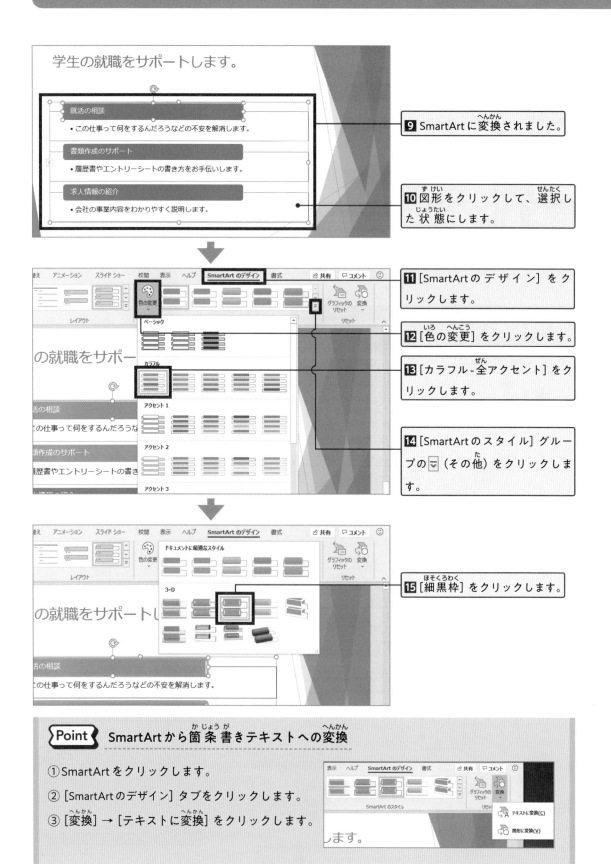

9 SmartArtに変換されました。

10 図形をクリックして、選択した状態にします。

11 [SmartArtのデザイン]をクリックします。

12 [色の変更]をクリックします。

13 [カラフル-全アクセント]をクリックします。

14 [SmartArtのスタイル]グループの▽ (その他)をクリックします。

15 [細黒枠]をクリックします。

> **Point** SmartArtから箇条書きテキストへの変換

① SmartArtをクリックします。

② [SmartArtのデザイン]タブをクリックします。

③ [変換]→[テキストに変換]をクリックします。

5-2-5 ヘッダーとフッター

ヘッダーやフッターでは、スライドの空いているスペースに文字を挿入します。一般的には
ヘッダーにはタイトルを入れ、フッターにはスライド番号を入れます。

ヘッダー・フッターの挿入

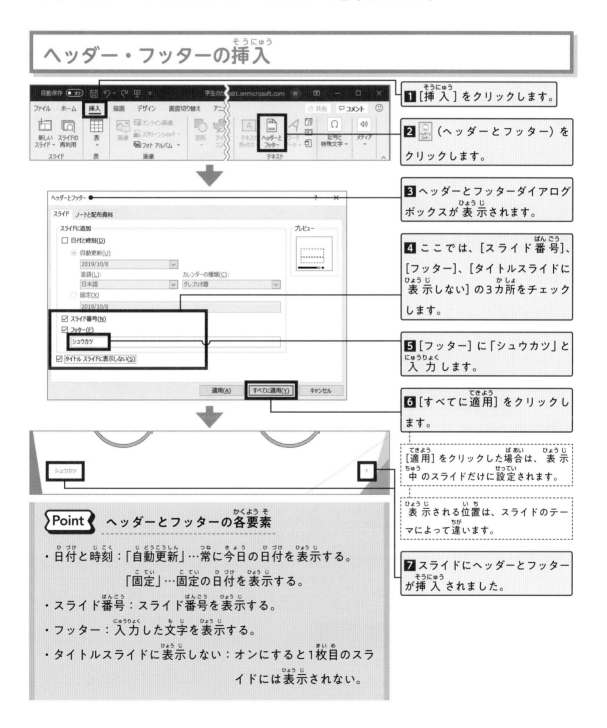

1 [挿入] をクリックします。

2 （ヘッダーとフッター）を
クリックします。

3 ヘッダーとフッターダイアログ
ボックスが表示されます。

4 ここでは、[スライド番号]、
[フッター]、[タイトルスライドに
表示しない] の3カ所をチェック
します。

5 [フッター] に「シュウカツ」と
入力します。

6 [すべてに適用] をクリックし
ます。

[適用] をクリックした場合は、表示
中のスライドだけに設定されます。

表示される位置は、スライドのテー
マによって違います。

7 スライドにヘッダーとフッター
が挿入されました。

Point > ヘッダーとフッターの各要素

・日付と時刻：「自動更新」…常に今日の日付を表示する。
　　　　　　　「固定」…固定の日付を表示する。
・スライド番号：スライド番号を表示する。
・フッター：入力した文字を表示する。
・タイトルスライドに表示しない：オンにすると1枚目のスラ
　　　　　　　　　　　　　　　　イドには表示されない。

練習問題

課題1 サンプルファイルを読み込んで、5-2_課題1.pdf を参考に、プレゼンテーションファイルを作成しましょう。

サンプル 5-2_課題1.pptx

・スライド1

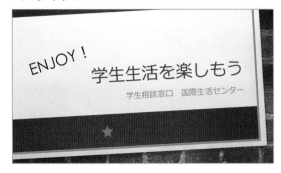

・スライド4

・スライド2

・スライド5

・スライド3

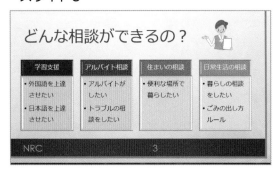

 完成例 5-2_課題1_完成例.pptx

5-3 メディアの利用と
アニメーション効果

メディア（ビデオや音）やアニメーションを使い、動きのあるスライドを作成する方法について学びます。

学ぶこと

⇒ 5-3-1 オーディオの利用　⇒ 5-3-2 アニメーション効果

⇒ 5-3-3 Excelとの連携　⇒ 5-3-4 ビデオの利用

⇒ 5-3-5 スライドを切り替えるときの効果

完成例

⇒ 5-3-1 オーディオの利用

⇒ 5-3-4 ビデオの利用

⇒ 5-3-2 アニメーション効果

⇒ 5-3-5 スライドを切り替えるときの効果

⇒ 5-3-3 Excelとの連携

サンプル　5-3_日本のクイズ完成例.pptx、5-3_山の高さ.xlsx、Mt_Fuji.mp4

5-3-1 オーディオの利用

タイトルのスライドを作成し、オーディオを挿入します。

タイトルの作成

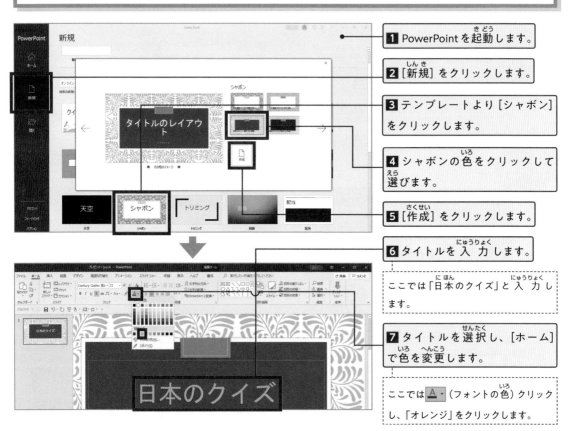

1 PowerPoint を起動します。

2 [新規] をクリックします。

3 テンプレートより [シャボン] をクリックします。

4 シャボンの色をクリックして選びます。

5 [作成] をクリックします。

6 タイトルを入力します。

ここでは「日本のクイズ」と入力します。

7 タイトルを選択し、[ホーム] で色を変更します。

ここでは ▲ ▾ (フォントの色) クリックし、「オレンジ」をクリックします。

オーディオ (音楽) の挿入

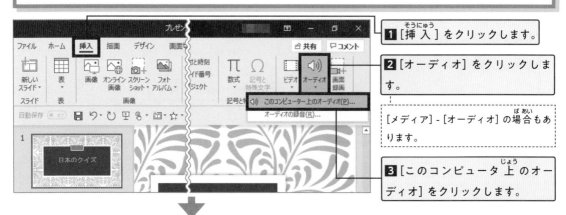

1 [挿入] をクリックします。

2 [オーディオ] をクリックします。

[メディア] - [オーディオ] の場合もあります。

3 [このコンピュータ上のオーディオ] をクリックします。

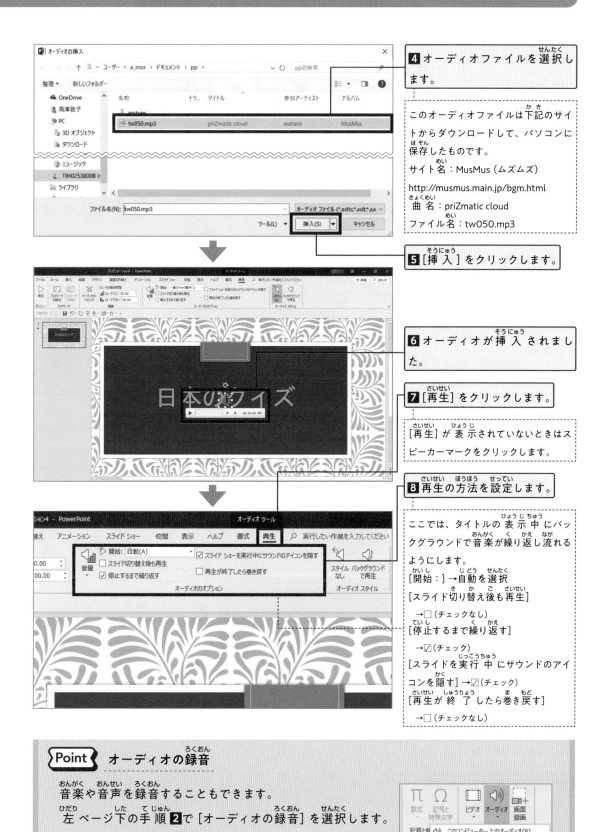

4 オーディオファイルを選択します。

このオーディオファイルは下記のサイトからダウンロードして、パソコンに保存したものです。
サイト名：MusMus（ムズムズ）

http://musmus.main.jp/bgm.html
曲名：priZmatic cloud
ファイル名：tw050.mp3

5 ［挿入］をクリックします。

6 オーディオが挿入されました。

7 ［再生］をクリックします。

［再生］が表示されていないときはスピーカーマークをクリックします。

8 再生の方法を設定します。

ここでは、タイトルの表示中にバックグラウンドで音楽が繰り返し流れるようにします。
［開始：］→自動を選択
［スライド切り替え後も再生］
　→□（チェックなし）
［停止するまで繰り返す］
　→☑（チェック）
［スライドを実行中にサウンドのアイコンを隠す］→☑（チェック）
［再生が終了したら巻き戻す］
　→□（チェックなし）

Point オーディオの録音

音楽や音声を録音することもできます。
左ページ下の手順**2**で［オーディオの録音］を選択します。

285

5-3-2 アニメーション効果(こうか)

テキスト、画像(がぞう)などをまとめて、オブジェクトといいます。ここではオブジェクトにアニメーション効果(こうか)(動(うご)き・音(おと)など)を設定(せってい)する方法(ほうほう)を学(まな)びます。

スライドの挿入(そうにゅう)

1 [ホーム]をクリックします。

2 [新(あたら)しいスライド]をクリックします。

3 [タイトルのみ]をクリックします。

スライドの作成(さくせい)

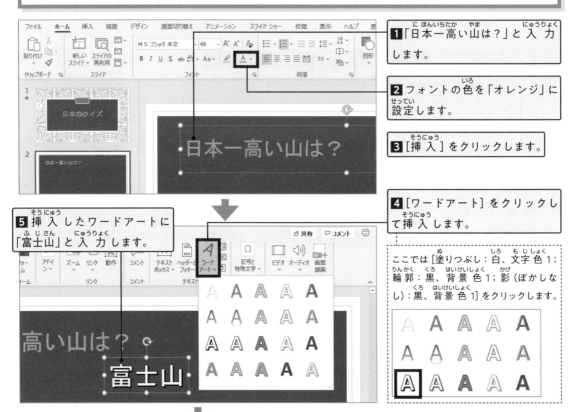

1 「日本一高(にほんいちたか)い山(やま)は?」と入力(にゅうりょく)します。

2 フォントの色(いろ)を「オレンジ」に設定(せってい)します。

3 [挿入(そうにゅう)]をクリックします。

4 [ワードアート]をクリックして挿入(そうにゅう)します。

ここでは[塗(ぬ)りつぶし:白(しろ)、文字色(もじしょく)1;輪郭(りんかく):黒(くろ)、背景色(はいけいしょく)1;影(かげ)(ぼかしなし):黒(くろ)、背景色(はいけいしょく)1]をクリックします。

5 挿入(そうにゅう)したワードアートに「富士山(ふじさん)」と入力(にゅうりょく)します。

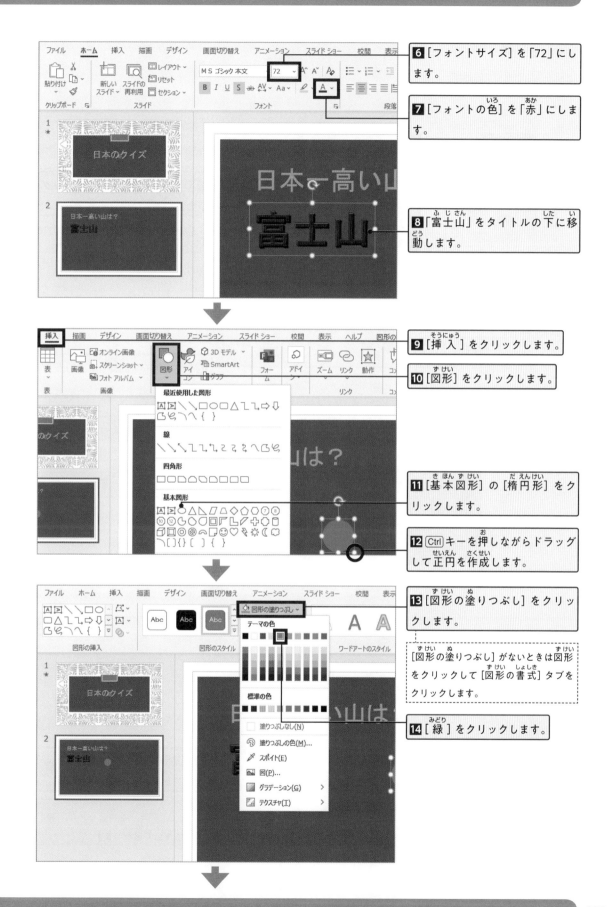

6 [フォントサイズ] を「72」にします。

7 [フォントの色] を「赤」にします。

8 「富士山」をタイトルの下に移動します。

9 [挿入] をクリックします。

10 [図形] をクリックします。

11 [基本図形] の [楕円形] をクリックします。

12 Ctrl キーを押しながらドラッグして正円を作成します。

13 [図形の塗りつぶし] をクリックします。

[図形の塗りつぶし] がないときは図形をクリックして [図形の書式] タブをクリックします。

14 [緑] をクリックします。

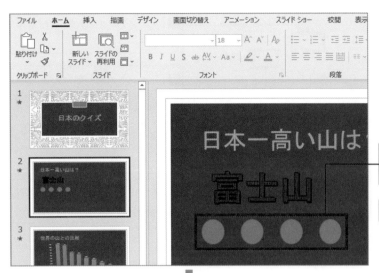

15 [Ctrl] キーを押しながらドラッグ
して正円を4つにします。

16 大きさや位置を調整します。

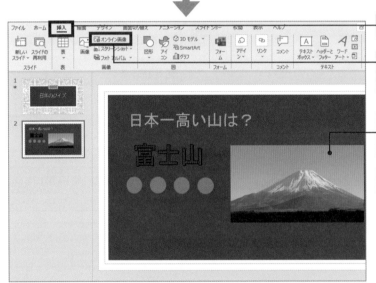

17 [挿入] をクリックします。

18 [オンライン画像] をクリック
します。

19 「富士山」で検索し、写真を挿
入します。

20 大きさや位置を調整します。

アニメーションの設定

1 アニメーションを設定したい
オブジェクトを選択します。

ここでは [Ctrl] キーを押しながら、「●」
(楕円) を全て選択します。

288

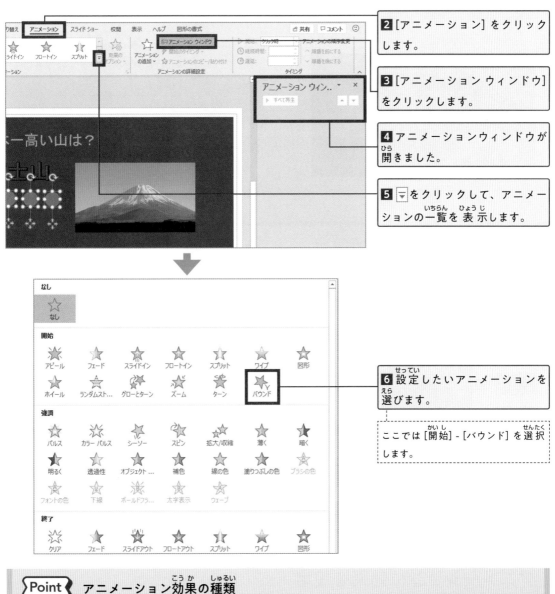

2 [アニメーション] をクリックします。

3 [アニメーション ウィンドウ] をクリックします。

4 アニメーションウィンドウが開きました。

5 ▽ をクリックして、アニメーションの一覧を表示します。

6 設定したいアニメーションを選びます。

ここでは [開始] - [バウンド] を選択します。

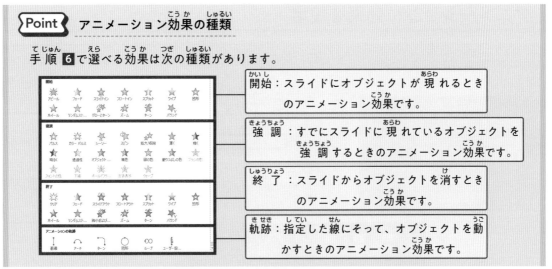

> **Point** アニメーション効果の種類

手順 **6** で選べる効果は次の種類があります。

開始：スライドにオブジェクトが現れるときのアニメーション効果です。

強調：すでにスライドに現れているオブジェクトを強調するときのアニメーション効果です。

終了：スライドからオブジェクトを消すときのアニメーション効果です。

軌跡：指定した線にそって、オブジェクトを動かすときのアニメーション効果です。

7 オンライン画像とワードアートにもアニメーション効果を設定します。

オンライン画像：「開始」-「ワイプ」

ワードアート：「開始」-「フロートイン」

アニメーションの追加設定

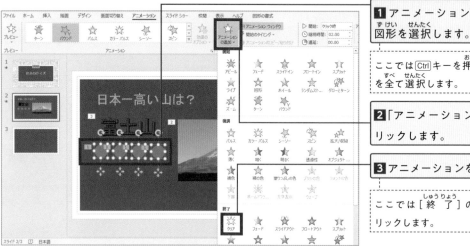

1 アニメーションを追加したい図形を選択します。

ここでは [Ctrl] キーを押しながら、「●」を全て選択します。

2 「アニメーションの追加」をクリックします。

3 アニメーションを選択します。

ここでは [終了] の [クリア] をクリックします。

アニメーションに効果を設定

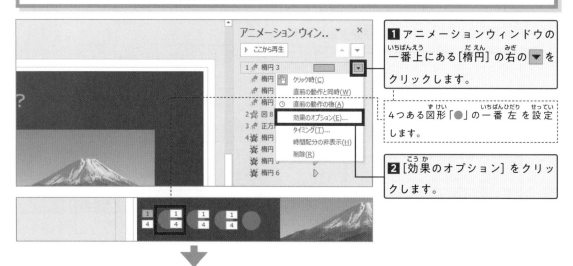

1 アニメーションウィンドウの一番上にある [楕円] の右の ▼ をクリックします。

4つある図形「●」の一番左を設定します。

2 [効果のオプション] をクリックします。

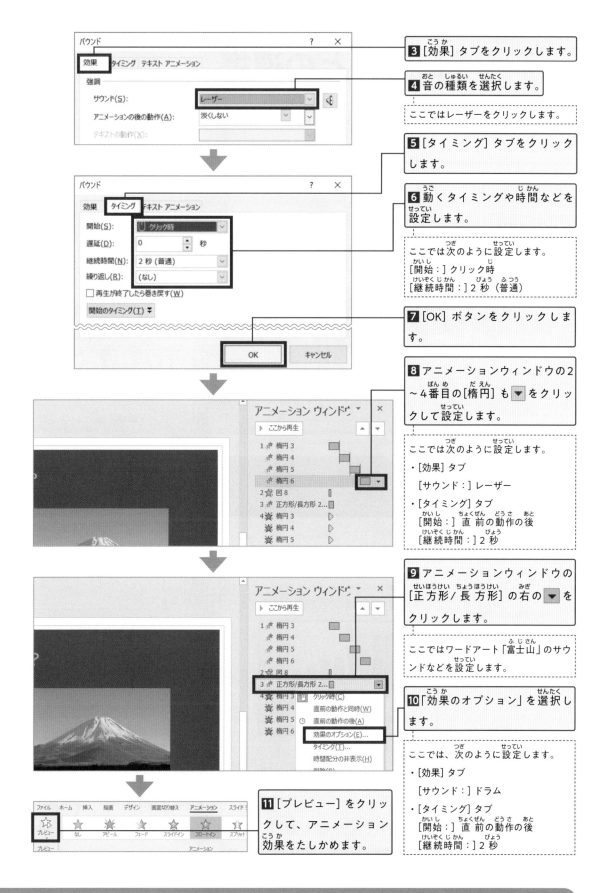

3 [効果] タブをクリックします。

4 音の種類を選択します。

> ここではレーザーをクリックします。

5 [タイミング] タブをクリックします。

6 動くタイミングや時間などを設定します。

> ここでは次のように設定します。
> [開始:] クリック時
> [継続時間:] 2 秒（普通）

7 [OK] ボタンをクリックします。

8 アニメーションウィンドウの2〜4番目の[楕円] も ▼ をクリックして設定します。

> ここでは次のように設定します。
>
> ・[効果] タブ
>
> 　[サウンド:] レーザー
>
> ・[タイミング] タブ
> 　[開始:] 直前の動作の後
> 　[継続時間:] 2 秒

9 アニメーションウィンドウの[正方形/長方形] の右の ▼ をクリックします。

> ここではワードアート「富士山」のサウンドなどを設定します。

10 「効果のオプション」を選択します。

> ここでは、次のように設定します。
>
> ・[効果] タブ
>
> 　[サウンド:] ドラム
>
> ・[タイミング] タブ
> 　[開始:] 直前の動作の後
> 　[継続時間:] 2 秒

11 [プレビュー] をクリックして、アニメーション効果をたしかめます。

5-3-3 Excelとの連携

Excelで作成したオブジェクト（表やグラフ）をコピーしPowerPointに貼り付けます。

Excelの表やグラフの利用

サンプル 5-3_山の高さ.xlsx

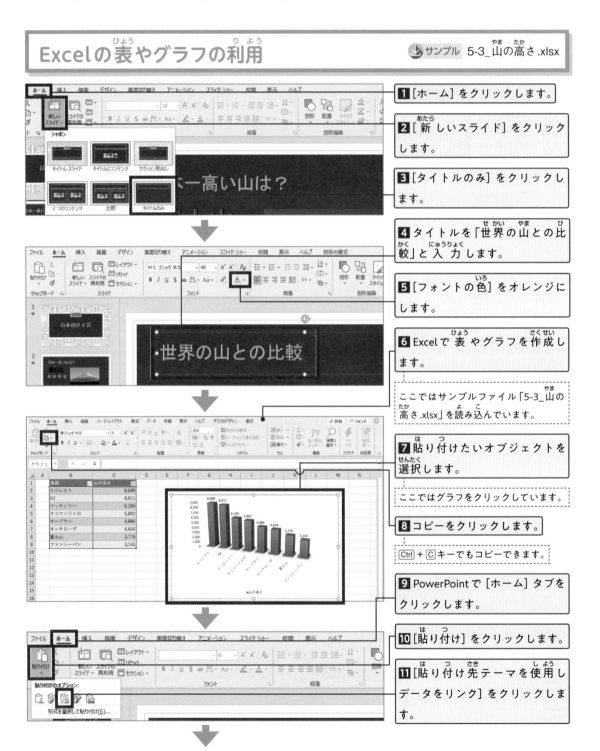

1 [ホーム] をクリックします。

2 [新しいスライド] をクリックします。

3 [タイトルのみ] をクリックします。

4 タイトルを「世界の山との比較」と入力します。

5 [フォントの色] をオレンジにします。

6 Excelで表やグラフを作成します。

ここではサンプルファイル「5-3_山の高さ.xlsx」を読み込んでいます。

7 貼り付けたいオブジェクトを選択します。

ここではグラフをクリックしています。

8 コピーをクリックします。

Ctrl + C キーでもコピーできます。

9 PowerPointで [ホーム] タブをクリックします。

10 [貼り付け] をクリックします。

11 [貼り付け先テーマを使用しデータをリンク] をクリックします。

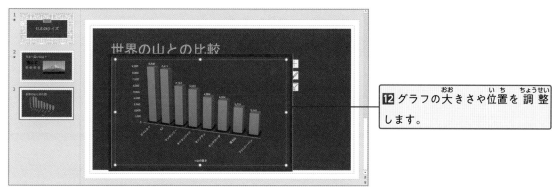

12 グラフの大きさや位置を調整します。

Point Excelの表の貼り付け

Excelの表をコピーします。

貼り付けオプションを選択します。

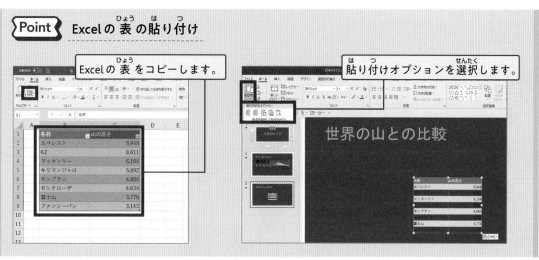

Point 貼り付けオプション

・リンクの貼り付け → Excelのデータを変更すると、PowerPointのデータも変わります。

・ブックを埋め込む → PowerPointの内部にあるExcelでデータを変更します。元のExcelのデータを変更しても、PowerPointのデータは変わりません。

・オブジェクトの貼り付け → PowerPointのデータを変更できません。

●リンクの例

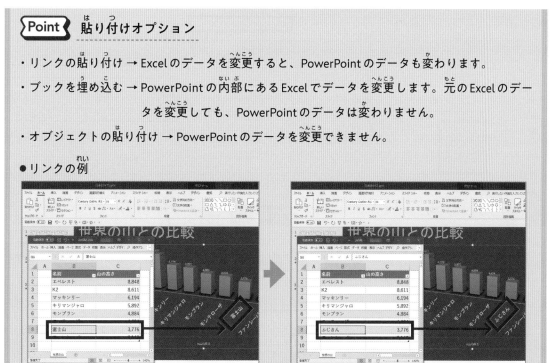

5-3-4 ビデオの利用

ビデオの挿入と設定

サンプル Mt_Fuji.mp4

PowerPointにビデオを挿入し、再生方法を設定します。

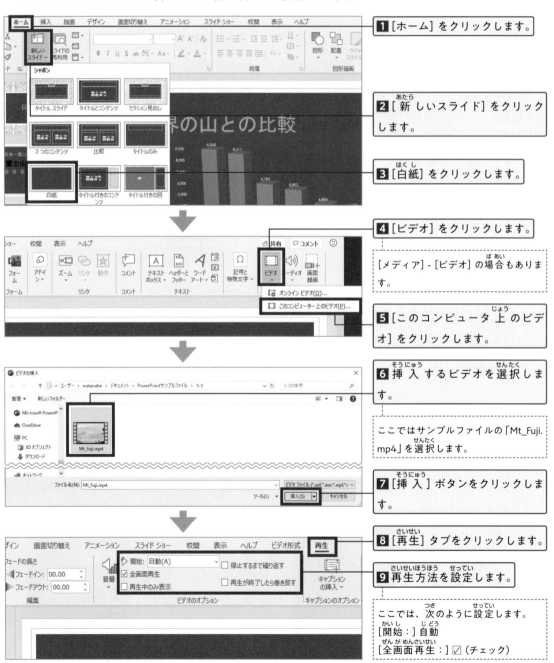

1 [ホーム] をクリックします。

2 [新しいスライド] をクリックします。

3 [白紙] をクリックします。

4 [ビデオ] をクリックします。

[メディア] - [ビデオ] の場合もあります。

5 [このコンピュータ上のビデオ] をクリックします。

6 挿入するビデオを選択します。

ここではサンプルファイルの「Mt_Fuji.mp4」を選択します。

7 [挿入] ボタンをクリックします。

8 [再生] タブをクリックします。

9 再生方法を設定します。

ここでは、次のように設定します。
[開始:] 自動
[全画面再生:] ☑ (チェック)

5-3-5 スライドを切り替えるときの効果

スライドが変わるときの効果を設定します。

［画面切り替え］の設定

1 画面の切り替えをするスライドを選択します。

ここでは全てのスライドを選択します。Ctrlキーを押しながら、スライドをクリックします。

2 ［画面切り替え］をクリックします。

3 ▽ をクリックして一覧を表示します。

4 一覧から、効果を選択します。

ここでは「プレステージ」を選択しています。

5 ［プレビュー］をクリックすると動きを確認できます。

Point 画面の切り替えの削除とタイミング

右の［タイミング］グループでは画面を切り替えるときのサウンド（音）や画面を切り替えるタイミングを設定できます。なお、効果を削除するときは、スライドを選択して、効果の一覧（手順 **4**）から「なし」を選択します。

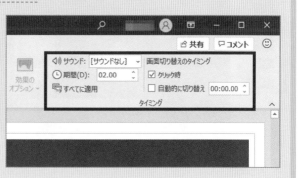

練習問題
（れんしゅうもんだい）

課題1
（かだい1）

クイズの続き「日本一高いタワーは？」を作成しましょう。
（つづき）（にほんいちたかい）（さくせい）

⬇ サンプル Sky_Tree.jpg、タワーの高さ.xlsx、Sky_Tree.mp4
（たか）

完成例
（かんせいれい）

●スライド5枚目
（まいめ）
5-3-2を参考にスライドを
（さんこう）
作成し、アニメーション効
（さくせい）（こう）
果を設定しましょう。
（か）（せってい）

・入力する文字：
（にゅうりょく）（もじ）
日本一高いタワーは？
（にほんいちたかい）

スカイツリー
・画像：Sky_Tree.jpg
（がぞう）
・楕円の色：薄い水色
（だえん）（いろ）（うす）（みずいろ）

●スライド6枚目
（まいめ）
5-3-3を参考にExcelから
（さんこう）
グラフを貼り付けましょう。
（は）（つ）

・入力する文字：
（にゅうりょく）（もじ）
世界のタワーとの比較
（せかい）（ひかく）

・EXCELファイル：タワーの
高さ.xlsx
（たか）

●スライド7枚目
（まいめ）
5-3-4を参考にビデオを挿
（さんこう）（そう）
入しましょう。
（にゅう）

・ビデオファイル：Sky_Tree.
mp4

⬇ 完成例 5-3_課題1_完成例.pptx
（かんせいれい）（かだい）（かんせいれい）

留学生のための重要用語 210

3章～5章の重要な用語を集めました。学習にお役立てください。

LZHファイルやPDFファイルが開かないとき

● 圧縮ファイルが開かないとき 〜LZH解凍ソフトの入手方法

圧縮ファイルとは、元のデータの内容を変えず、サイズを縮小したものです。複数のファイルを1つの圧縮ファイルにまとめることができます。本書のダウンロードサービスで提供しているファイルは、ZIP形式の圧縮ファイルです。

ZIP形式の圧縮ファイルは、Windows10のエクスプローラーが対応しているので、ファイルをダブルクリックすれば、利用することができます。

一方、LZH形式の圧縮ファイルは、解凍するためのアプリケーションを導入する必要があります。

下記は、代表的な解凍ソフトです。または、オンラインソフトを紹介する「窓の杜」にアクセスし、キーワードにLZHと検索して、入手することもできます。

■ Lhasa（解凍ソフト）　http://www.digitalpad.co.jp/~takechin/

■ 窓の杜　　　　　　　https://forest.watch.impress.co.jp/

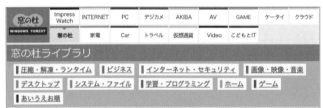

● PDFファイルが開かないとき 〜Adobe Acrobat Readerの入手方法

もし、本書で提供している入力用のPDFファイルが開かないときは、Adobe社のAdobe Readerを導入することで利用できます。下記のURLにアクセスすると、ダウンロードページに移動します。

■ Adobe Acrobat Reader DC　https://get.adobe.com/jp/reader/

または、「Google」で「Adobe Reader」と検索すると、「Adobe Acrobat Reader DC ダウンロード」という項目が表示されるので、クリックすると、ダウンロードページに移動します。

上の「窓の杜」でもキーワードに「Adobe Acrobat Reader」と入力して検索すれば、ダウンロードすることができます。

執筆者紹介

楳村 麻里子（うめむら まりこ）
東京都武蔵野市生
明治大学経営学部経営学科卒業
現在、専門学校お茶の水スクールオブビジネス専任講師

松下 孝太郎（まつした こうたろう）
神奈川県横浜市生
横浜国立大学大学院工学研究科人工環境システム学専攻博士後期課程修了 博士（工学）
現在、東京情報大学総合情報学部教授 ^{（学）東京農業大学}

津木 裕子（つぎ ゆうこ）
和歌山県和歌山市生
産業能率大学大学院総合マネジメント研究科総合マネジメント専攻修士課程修了
現在、キャリアコンサルタント、産業能率大学経営学部非常勤講師

平井 智子（ひらい ともこ）
東京都杉並区生
東洋英和女学院大学大学院人間科学研究科人間科学専攻修士課程修了
現在、マナーコンサルタント、帝京大学短期大学部非常勤講師

山本 光（やまもと こう）
神奈川県横須賀市生
横浜国立大学大学院環境情報学府情報メディア環境学専攻博士後期課程満期退学
現在、横浜国立大学教育学部教授

両澤 敦子（もろさわ あつこ）
ベトナム・ラムドン省生
中央大学経済学部経済学科卒業
現在、外語ビジネス専門学校非常勤講師

| カバー | ●小野貴司 |
| 本文・デザイン | ●BUCH⁺ |

留学生のためのかんたん Word/Excel/PowerPoint 入門

2020 年 2 月 18 日　初版　第 1 刷発行
2024 年 5 月 7 日　初版　第 5 刷発行

著　者　楳村 麻里子
　　　　松下 孝太郎
　　　　津木 裕子
　　　　平井 智子
　　　　山本 光
　　　　両澤 敦子

発行者　片岡 巌
発行所　株式会社技術評論社
　　　　東京都新宿区市谷左内町 21-13
電　話　03-3513-6150　販売促進部
　　　　03-3267-2270　書籍編集部
印刷／製本　港北メディアサービス株式会社

定価はカバーに表示してあります。
本書の一部または全部を著作権法の定める範囲を超え、無断で複写、複製、
転載、テープ化、ファイル化することを禁じます。
© 2020 楳村 麻里子、松下 孝太郎、津木 裕子、平井 智子、山本 光、両澤 敦子
造本には細心の注意を払っておりますが、万一、乱丁（ページの乱れ）や落
丁（ページの抜け）がございましたら、小社販売促進部までお送りください。
送料小社負担にてお取り替えいたします。
ISBN978-4-297-11047-5 C3055
Printed in Japan

●ダウンロードサービスについては 7 ページをお読みください。
●本書へのご意見ご感想は、技術評論社ホームページまたは以下の宛先へ書面にてお受けしております。なお、電話でのお問い合わせには
お答えいたしかねますので、あらかじめご了承ください。

〒162-0846　東京都新宿区市谷左内町21−13
株式会社技術評論社書籍編集部　『留学生のためのかんたん Word/Excel/PowerPoint 入門』 係
FAX：03-3267-2271